国家电网有限公司
STATE GRID
CORPORATION OF CHINA

国家电网有限公司

职工技术创新优秀成果集

国家电网有限公司工会 / 编

中国电力出版社
CHINA ELECTRIC POWER PRESS

图书在版编目（CIP）数据

国家电网有限公司职工技术创新优秀成果集 / 国家电网有限公司工会编 .
北京 ： 中国电力出版社，2024. 9（2024.12重印）. -- ISBN 978-7-5198-9213-5

Ⅰ．TM

中国国家版本馆 CIP 数据核字第 20246G3R05 号

出版发行：中国电力出版社

地　　址：北京市东城区北京站西街 19 号（邮政编码 100005）

网　　址：http://www.cepp.sgcc.com.cn

责任编辑：石　雪　胡堂亮（010-63412604）

责任校对：黄　蓓　张晨荻

装帧设计：张俊霞

责任印制：钱兴根

印　　刷：北京九天鸿程印刷有限责任公司

版　　次：2024 年 9 月第一版

印　　次：2024 年 12 月北京第三次印刷

开　　本：787 毫米 ×1092 毫米　16 开本

印　　张：14.5

字　　数：245 千字

定　　价：69.00 元

一直以来，习近平总书记强调，必须坚持科技是第一生产力、人才是第一资源、创新是第一动力，深入创新驱动发展战略，不断塑造发展新动能新优势。

近年来，国家电网有限公司党组高度重视职工技术创新，出台加强职工技术创新工作的22条举措，引导职工扎根一线加强创新研发，推动能源电力高质量发展。公司各级工会坚决落实公司党组决策部署，开展"感恩勉励精神 建功电力事业"职工技术创新立功竞赛，发挥百万职工创新主体作用，制定职工技术创新管理办法，推进创新工作室建设，开展职工技术创新和"五小"创新等创新实践，形成了创新才智充分涌流的生动局面。各部门、各单位持续增强职工创新的系统性、整体性、协同性，推动职工技术创新向纵深发展、向全员覆盖，创新蓝领、草根发明家、金牌工人群体不断壮大，创新成果竞相产生，已有8.9万项职工技术创新成果，59项成果荣获全国职工优秀创新成果，641项获评公司级优秀创新成果，6项成果荣获国家科技进步二等奖（工人类最高奖）。每一项创新成果的背后，都是一段故事，书写了大家辛勤耕耘、不懈努力和无私奉献。每一项创新成果的背后，也凝聚着各方面鼎力支持、探索实践和智慧结晶。

"业精于勤，行成于思。"《国家电网有限公司职工技术创新优秀成果集》不仅是公司历年来职工创新优秀成果的展示，也是职工创新精神和创造才能的彰显。成果集从上述成果中精选历届全国优秀成果和公司职创一等奖成果，收录"±1100千伏线路带电作业方法和工器具装备实用技术"等成果108项。收录的成果涉及运维检修、供电服务、信息通信、电力调度、产业发展等专业，这既是对业务工作的深度总结与提炼，也为岗位创新提供了宝贵的实践案例，确保一线职工"看着就能学、拿来就能用、照着就能做"。期待广大读者积极参与，与优秀成果及主创团队深入交流，通过分享、学习、借鉴和成果迭代，共同激发创新热情与潜力。

十年磨一剑，创新正当时。让我们深入学习贯彻党的二十届三中全会精神，大力践行劳模精神、劳动精神、工匠精神，勤学苦练、深入钻研，勇于创新、敢为人先，不断提高技术技能水平，为奋力推动高质量发展、加快推进中国式现代化贡献智慧和力量。

国家电网有限公司工会

2024年9月

目　录
CONTENTS

前　言

―――― 全国职工优秀技术创新成果 ――――

◆ 2019年第五届全国职工优秀技术创新成果

◆ 2021年第六届全国职工优秀技术创新成果

◆ 2023年第七届全国职工优秀技术创新成果

——— 公司职工技术创新优秀成果 ———

◆ 2011年公司职工技术创新优秀成果

◆ 2020年公司职工技术创新优秀成果

◆ 2022年公司职工技术创新优秀成果

全国职工优秀技术创新成果

电除尘高效运行优化技术

四川电力试验研究院

主创人：苏长华

参与人：张永领、熊仁森、王方强、周易谦、兰新生、卢大兴

成果简介

国内70%以上的电除尘器应用在电力行业。四川火电厂早期建设的电除尘器设计除尘效率低，投运后短时间内除尘效率下降幅度大，即使在设计效率下运行，也不能满足已经提高的环境保护标准的要求。

本课题研究重点为应用气流分布试验、振打加速度试验和漏风试验等技术，指导消除电除尘器设备故障；采用优化电气控制参数和振打制度等技术，提高电除尘器设备性能和运行控制水平，大幅降低烟尘排放量。

在国内，气流分布试验、振打加速度和漏风试验基本上应用于电除尘器建成前的设备检验；在生产运行阶段，尚未将其与振打制度调整和电气参数调整等技术联合应用。国内电除尘器运行控制技术研究、控制设备生产及电除尘器运行中，致力于提高各级电场二次电压和二次电流，以期提高除尘效率。本项目在理论上和实践中对此进行了修正，提出合理降低电场二次电流和合理分配各电场除尘量，并使振打周期与单级电场除尘效率相适应，提高整体除尘效率的运行控制新技术。

电除尘器试验设备

 成果创新点

（1）提出合理分解分级除尘效率的运行控制方法，克服现有控制技术片面追求单级除尘效率最大化的弱点，提高各电场工作稳定性。

（2）提出电气控制参数与振打周期联合调整的新方法，使电气控制参数设定和振打周期相互适应，总体除尘效率得到提高。

电除尘器试验现场

成果应用推广情况

该项技术在四川黄桷庄电厂、高坝电厂、重庆华能珞璜电厂、四川维尼纶厂得到全面推广应用，显著地提高了电除尘器检修的针对性，使电除尘器健康水平得到提高，为电除尘器高效运行提供了良好的设备基础。

在全面采用该技术的几个电厂中节约电除尘器改造的直接费用达到7000万元，加上减少的排污费和节约的为保证下游设备运行的费用，经济效益已超过亿元。一些电厂已经放弃以增加收尘面积的提效改造，转而采用电除尘器高效运行优化技术。

供电网无功电压优化运行集中控制系统

国网江苏省电力有限公司泰州供电分公司

主创人：许杏桃

参与人：李进、卢春、廖小云、恽瑞金、丁伟

成果简介

依靠值班员手动调节电压、控制策略的传统运行方式已不能满足电网的快速发展，其电压质量及电网安全也得不到保障。本项目开发了供电网无功电压优化运行集中控制系统，通过调度自动化系统采集全电网各节点运行电压、无功功率、有功功率等实时数据，以电网电能损耗最小和设备动作次数最少为优化目标，以各节点电压合格为约束条件，以安规、运规、调规为最终操作依据，利用调度"四遥"功能实现电网无功电压实时优化控制，实现无功补偿和电压调节资源网络化最优运行。该系统从根本上改变了我国电网传统的无功电压控制方式，填补了我国电网无功电压优化运行实时控制的空白，代表了我国供电网络无功电压控制方式的方向，驱动了江苏智能电网、物联网、数字电网的率先发展，在我国供电史上具有里程碑的意义。

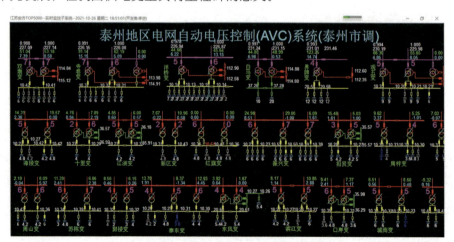

供电网无功电压优化运行集中控制系统界面图

成果创新点

提出并实用化了我国整个电网无功电压的"分层控制"模式，提出并验证了我国电网无功补偿"分层就地平衡"的具体定义；破除了无功功率"不能倒送"的历史禁区；创立了"△μ算法"理论，解决了无功电压优化控制中"电压调节振荡"和"无功投切振荡"两大难题。

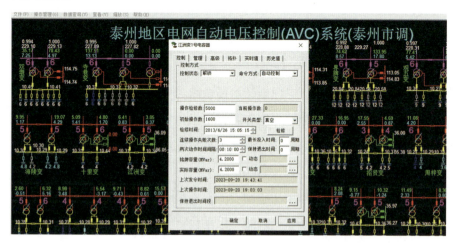

供电网无功电压优化运行集中控制系统电容器操作界面图

成果应用推广情况

该控制系统在江苏电网和全国20个省市部分电网推广应用，实现年节电量约20亿千瓦时。同时，江苏电网高峰负荷时段可增加直接供电能力213万千伏安，减轻值班人员劳动强度95%，供电网电压合格率近100%。该系统的应用，为我国电网节能减排，为建设资源节约型、环境友好型、创新型社会作出了巨大贡献。

大截面电缆打弯机

国网江苏省电力有限公司南京供电分公司

主创人：陈德风
参与人：王光明、孙维路、黄叔铭、张行

成果简介

　　高电压、大截面电缆在施工中根据技术要求需对电缆进行打弯，由于没有定型的打弯工具，故研发了高电压、大截面电缆专用打弯机。本成果采用钢制弧形曲面，内垫橡胶材料，以千斤顶为工作动力，解决了同类器具与电缆接触面过小和输出动力不均匀问题，利用液压传输机构，将敷设到位后的电缆进行打弯，满足电缆蛇形敷设、水平敷设要求，消除电缆热胀冷缩时电缆本体机械应力，确保电缆绝缘不受损伤。

　　大截面电缆打弯机的研制成功，解决了同类器具与电缆接触面过小和输出动力不均匀问题，可以在规定的工期内完成电缆打弯工作，提高工作效率，缩短作业时间，保证电缆安装和敷设质量。

大截面电缆打弯机整体构造

💡 成果创新点
★★★★

（1）国内电力行业首创，自行研发的新型作业工器具种类。

（2）自重仅12千克，便于人员携带和车辆运输。

（3）可直接与电缆进行接触而打弯，节省作业时间。

（4）在打弯机弧形曲面内侧安装橡胶衬垫，保证电缆外护套在打弯过程中不受到伤害。

使用大截面电缆打弯机施工后的电缆

🔗 成果应用推广情况
★★★★

此工具2008年研发成功，广泛运用于电缆沟、竖井以及隧道、桥箱等敷设环境中的电缆打弯，大大提高了生产效率，确保了人员在施工中安全，规范了电缆打弯操作且效果显著，为电缆安全运行创造了良好基础条件。本成果已推广到苏州、无锡、徐州、镇江、连云港、南通等地，具有良好的适用性和可观的应用前景。

重庆电网输电线路防雷技术

国网重庆市电力公司

主创人：唐世宇

参与人：白云庆、吴高林、印华、魏长明、王勇

成果简介

　　重庆电网设备长期遭受雷电灾害影响，为解决这一难题，提出了重庆地区的雷电流幅值概率分布公式。本成果选取了重庆地区110千伏水湖线、220千伏武彭南、500千伏长万二线，对该三条线路进行了耐雷水平和雷击跳闸率的计算，虽然线路的耐雷水平满足《交流电气装置的过电压保护和绝缘配合》(DL/T 620—1997)的要求，但是由于重庆地区雷电活动频繁，再加之山区特殊的地形、地貌，使得重庆地区线路的雷击跳闸率比较高。本成果分析了输电线路的引雷作用，根据分析可知，线路两侧紧邻线路的一定宽度内的落雷密度较大，离线路较远区域内的落雷密度降低，离线路更远区域内的年落雷密度则又恢复到无规律的状态。这说明线路确实存在引雷作用，可以将线路周围一定距离的雷电吸引到线路附近，增加线路遭受雷击的概率，对较远距离的雷电则没有影响，因而距离线路一定距离后，年落雷密度又重新表现为随机性。本成果提出的采用地区每年每平方千米的落雷个数来计算线路走廊的雷击次数，更具有针对性。

成果创新点

　　本成果对输电线路防雷改造的各种措施进行了综合分析，提出了降低杆塔接地电阻的方法，以及线路避雷器、可控避雷针的工作原理和安装原则，还提出了重庆电网输电线路防雷设计和改造指导性意见。

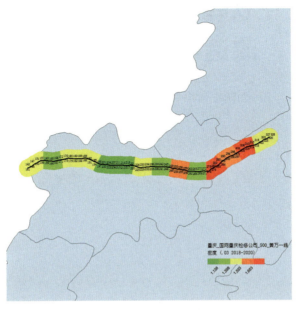

重庆 500 千伏黄万一线落雷分布

🔗 成果应用推广情况

　　本成果形成的重庆地区的雷区分布电子地图，在原有的基础上，增加了图层的选择功能，可以根据雷电日、地面落雷密度、地闪频数三个参数划分雷电活动的强弱。重庆各供电单位可根据雷电电子地图开展电网设备防雷评估，差异化制定防雷改造措施，避免全线杆塔装设氧化锌避雷器、可控避雷针的情况，规避全线开展接地电阻改造的情况，优化改造项目投资金额，可减少投资成本50%以上。

220 千伏输电线路铁塔易地升高改造带电施工技术

国网上海市电力公司超高压分公司

主创人：杨庆华

参与人：刘新平、孟亮、袁奇、沈兆新、朱炜、谢小松、侯晓明、鲍晓华、
龚景阳

📋 成果简介

　　随着经济社会发展，越来越多的市政设施建设无法避开输电线路，需要从输电线路下方穿越，致使原输电线路导线与被跨越物间的安全距离不符合有关电力法律法规的要求，因此必须要对这些线路杆塔进行移位升高改造。本成果提出了一种220千伏双回路双分裂输电线路直线塔的易地升高改造施工方法，避免了传统施工方法中必须双回路线路同时停电，易地进行新塔组立、导线提升、附件安装，拆除旧塔现场施工工作量大，停电时间长，区域供电稳定性变差的缺点，提高了电网安全可靠性，填补我国在220千伏同塔双回路输电线路抢修及升高改造技术上的空白。其步骤为：通过研制的专用导轨提升架、翻转支架和高强度绝缘起吊绳实现带电易地组立新塔；带电提升并安装新塔地线、拆除旧塔地线；带电提升新塔并安装上相导线、拆除旧塔上相导线；利用内扒杆法带电分拆旧塔横担；按上述步骤依次提升、安装中、下相导线，拆除旧塔中下相导线和横担；按组立新塔塔身的方法逆序施工带电拆除旧塔塔身。

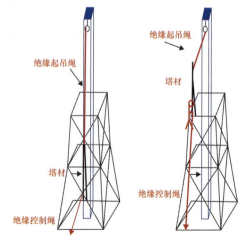

绝缘双绳控制塔材起吊示意图

⚙ 成果创新点
★★★★★

　　本方法避免了传统施工方法中必须双回路线路同时停电，易地施工工作量大，停电时间长，区域供电稳定性变差的缺点。通过研制专用导轨提升架、翻转支架，保证了落地扒杆就位的准确性和倒组装提升扒杆的稳定性，利用高强度纺纶绝缘绳作为起吊绳确保了与两侧带电导线的安全距离。

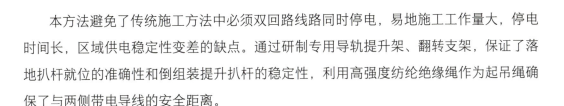

220千伏输电线路铁塔易地升高改造带电施工现场图——立新塔

⌁ 成果应用推广情况
★★★★★

　　本方法在施工人员及工器具等与带电运行的输电导线保持足够安全距离的前提下，能够在现有的有限带电导线间距空间内进行组立新塔、转移导线、拆除旧塔等作业施工，为带电作业开创新领域，提高电网供电可靠性及输电线路的可用率，可广泛用于现有架空输电线路、铁塔的移位与改造工程领域。本成果已在某220千伏同塔双回路630双分裂线路上成功实施了带电升高组立直线塔，证明带电组立双回路直线塔所采用的施工工艺合理、安全，所研发的施工装置合适、可靠。

变压器油中溶解气体组分含量量值保证体系

国网江苏省电力有限公司

主创人：朱洪斌

📋 成果简介
★★★★★

变压器是电力输送的核心设备，80%的停电事件由其故障引起，且一旦发生故障一般需停电检修 1～2 个月。绝缘油是保证变压器绝缘强度的主要介质，油中溶解的气体承载了变压器的健康信息。为了敏锐捕捉气体的微小增量，防止缺陷演变为故障，项目对油中气体检测的仪器校准、样品采集、油气分离、色谱分析等全过程开展体系化创新，将分析精度提高了6倍，解决了变压器潜伏性缺陷诊断的世界性难题。

本成果获授权发明专利7项，授权实用新型专利5项，牵头制定了电力行业标准1项，修订了国家标准1项，发表论文2篇。标准油的配制打破了国外厂商的技术垄断；采样装置的研制解决了行业40多年缺乏专用容器的难题；脱气进样全自动装置等设备和方法的发明减小了检测人为误差，测试精度达到历史最高水平；网络化管控系统的创建引领了仪器校准新模式。经李立涅院士领衔的专家组鉴定：成果整体技术居国际领先水平。

标准油配制装置

💡 成果创新点

★★★★★

（1）发明了溶解气体含量精确、量值稳定期长的标准油配制工艺。

（2）创建了工作效率高、密封性能好、操作简便的绝缘油现场采样方法。

（3）研制了脱气率稳定、进样自动化的样品前处理装置。

（4）组建了油中溶解气体检测管控网络，保证设备潜伏性缺陷的准确、及时诊断。

网络化色谱仪

🔗 成果应用推广情况

★★★★★

　　本成果已在新疆、山东、福建、江苏等电网应用，并委托制造厂商试制推广该项目研制的8类装置。应用项目成果仅江苏电网发现变压器潜伏性缺陷75起，试制推广装置67台，此外减少设备非计划停电10余万小时，经济和社会效益显著。

±660千伏直流架空输电线路带电作业研究及应用成果

国网山东省电力公司超高压公司

主创人：王进

参与人：卢刚、刘洪正、李龙、郑连勇、刘兴君、韩正新

成果简介

　　带电作业是指在高压电气设备上不停电进行检修、测试的一种作业方法，能够有效避免检修停电、保证持续供电，相关技术的先进程度代表了电网运行水平的高低。本成果研发时，±660千伏电压等级带电作业相关技术尚属空白。2011年3月投运的±660千伏银东线，其负荷达4000兆瓦，约占山东全省电网负荷的9%，保证其持续安全稳定运行对山东省人民生产、生活意义重大。该线路在世界上首次采用±660千伏电压等级、1000平方毫米大截面导线等诸多新技术、设备，国内外均无可借鉴的带电作业标准及经验，迫切需要建立相应的技术标准及研制相应带电作业工具，实现对该线路的不停电检修。本成果聚焦±660千伏直流架空输电线路带电作业，填补了该电压等级带电作业的空白，对该电压等级下的输电线路各种工况开展理论研究、计算及试验，确定该电压等级带电作业安全距离及安全防护指标、措施，创新±660千伏直流架空输电线路带电作业工作方法，研制专用带电作业工器具，总结形成技术导则及相关技术标准。

专用闭式卡

💡 成果创新点
★★★★

本成果创建了完整的 ±660千伏直流输电线路带电作业工作方法，系统地对 ±660千伏直流输电线路各种工况开展理论研究、计算及试验，确定该电压等级带电作业安全距离及安全防护指标、措施，创新研制了 ±660千伏直流输电线路专用带电作业工器具，总结形成技术导则及相关技术标准。

四线吊钩

⚡ 成果应用推广情况
★★★★

本成果已在 ±660千伏银东线途经的宁夏、陕西、山西、河北、山东五省区推广应用。2010年1月至2013年12月，仅国网山东电力各单位应用本成果对 ±660千伏银东线实施54次带电作业，有效填补了 ±660千伏电压等级输电线路带电作业的空白。现已成功应用于巴基斯坦默拉直流项目。

掌上查窃仪

国网河北省电力有限公司邯郸供电分公司

主创人：朱劲雷

📋 成果简介

　　单相电能表现场查窃仪是适用于现场的微型手持式电测仪表，可在不停电、不改变计量回路接线的情况下，直接快速测量电能表误差；同时测量电压、电流、频率、功率、功率因数，显示电压电流夹角向量图；还可输出低频电能脉冲，供外接校验使用。本检测仪采用钳表和主机一体设计，钳表嵌入火线并且只需接入电压线即可测量误差，操作更简单。

　　市场上的查窃设备全是采用主机和钳表分开的设计理念，钳表和主机通过很长的线连接，导致接线繁琐和采集信号容易受到干扰。市场上的查窃设备，只能在用户有负荷的情况下，才能检测电能表，如果用户没有负荷，仪器无法使用。

　　本成果研发的查窃设备，分成两个部件。一是掌上查窃仪；二是虚拟负载。掌上查窃仪采用钳表主机一体的设计，避免了钳表的接线和信号的干扰，采用特殊的算法使测量更精确，使用更简单。

朱劲雷讲解掌上查窃仪

 成果创新点
★★★★

应用瓦秒计算法，研制掌上查窃仪器，将原来繁琐费时的查窃操作由十几分钟缩短到仅需6秒钟。

掌上查窃仪现场使用情况

成果应用推广情况
★★★★

本成果推出当年国网邯郸供电公司累计查处各类窃电户近千户，挽回国家经济损失400余万元，并创出单日查获窃电户42户的"战绩"，查窃效率及工作成效有目共睹。掌上查窃仪及其省级产品已在河北、北京、山东、湖北、新疆等十多个省市获得推广应用，累计创造经济效益突破亿元，同时极大地降低了用电检查人员的工作强度，显著提升了查窃电工作效率，具有良好的经济和社会效益。

500 千伏输电线路行走装置

国网江苏省电力有限公司无锡供电分公司

主创人：潘志新

参与人：蔡剑峰、陈晟、陈虹君、贾炜、沈昱、周腾、郑庆

📋 成果简介
★★★★★

  500 千伏输电线路行走装置研究是利用自动控制技术、嵌入式微电脑智能控制系统、人体模拟和工程电磁场边界元法理论，解决目前 500 千伏输电线路导线检修工作中依赖人力作业方式、效率较低、风险较高的问题，研制适用于大档距的输电线路，能自动跨越间隔棒、直线悬垂串、防振锤等，并能进行间隔棒更换、导线修补、异物清除等作业内容的 500 千伏输电线路安全、快速、轻便的载人行走装置。本成果填补了超高压长距离四分裂导线高空检修作业方式的空白，经国家电网公司验收专家组评定，成果具有较强的创新性和实用性，拟人式曲臂结构、载人自动行走、跨越障碍等技术达到国际领先水平。该装置采用拟人式曲臂结构、镂空椭圆柱体吊篮等新型结构，并采用微电脑智能控制行走姿态，使其能在 500 千伏输电线路上载人自动行走和跨越 500 千伏输电线路线档的间隔棒、防振锤、接续管、直线悬垂串等障碍物，能携带较多工器具，帮助作业人员进行输电线路连续档走线、检修、消缺，显著提高工作效率、减轻劳动强度。

500 千伏输电线路行走装置吊装照片

🔆 成果创新点

（1）首次实现高空作业载人装置自动行走和跨越。

（2）首次采用拟人式的曲臂结构形式。

（3）首次采用椭圆柱体网状吊篮式承载空间。

（4）首次实现载人装置高空行走姿态智能控制。

（5）满足带电作业要求。

（6）采用V形滑轮内槽结构。

500千伏输电线路行走装置现场应用

🔗 成果应用推广情况

　　本成果已成功投入生产并得到实际应用，在江苏南京、无锡、常州，湖北武汉等多地500千伏线路检修作业中使用，大大减少了电力客户停电时间，经济和社会效益显著，至2023年年底累计共产生经济效益8160万元。

分体式用电信息采集公网终端

国网福建省电力有限公司营销服务中心

主创人：夏桃芳

参与人：李建新、钟小强、邓伯发、林华、詹文、张颖

成果简介

★★★★

　　福建省约有20%的配电房位于地下室，其中约有5000台终端安装在地下室，受建筑物信号遮挡和屏蔽的影响，公网信号难以满足通信要求。因此，如何有效解决地下室终端的通信问题成为制约用电信息采集系统建设效果的重要因素。

　　本成果突破常规信号处理方法，将无线公网通信模块和终端本体分开安装，通信模块与终端本体之间使用便于传输的RS485信号。因此可将无线公网通信模块安装在无线公网信号良好的地方、终端本体安装在需要的位置，通信模块的安装位置不受终端本体安装位置的限制。由于采用的转化设备制作简单、成本低，避免了通过运营商进行室内无线公网信号覆盖的高成本，通信距离也大幅增加，能够满足现场需要进行信号延伸的各种环境。

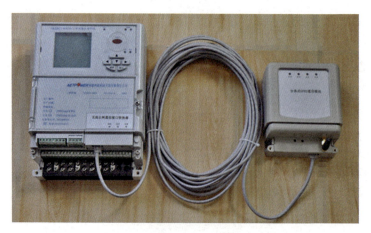

分体式用电信息采集公网终端实物图

 **成果创新点**

针对采集终端安装在地下室配电房无公网信号覆盖的问题，创新提出一种简便易行的通信模块与采集终端本体分离安装的方案，将终端本体和通信模块分体设计、分开安装，通信模块与终端本体之间使用便于传输的RS485信号，可将通信模块安装在信号良好处，实现通信信号的延伸覆盖。

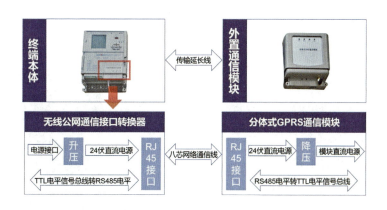

分体式用电信息采集公网终端工作原理

 成果应用推广情况

本技术方案已经在福建省大规模使用，目前福建省公用变压器采集终端和专用变压器采集终端均已采用本方案解决地下室和局部信号受到屏蔽区域的无信号、弱信号问题，有效提高了用电信息采集的安装覆盖率和远程采集抄表成功率，使我省公用变压器、专用变压器采集覆盖面从93%提高到100%，远程采集抄表成功率也达到99.99%，突破了用电信息采集系统的通信瓶颈，有效推进用电信息采集系统在远程抄表、线损统计分析、用电量统计、计量异常与反窃电、配电变压器运行监测等方面的应用，大大提升电力企业的管理水平。

全省累计安装5000余套分体式终端，实现用电信息采集系统的全覆盖全采集，通过降低信号覆盖成本，直接经济效益达9750万元。

10千伏验电新型工具

国网重庆市电力公司南川供电分公司

主创人：皮寅

参与人：邓志勇、刘钢华、李伟、袁顺洪、梁宇姝、刘洋、杜昕

成果简介

10千伏验电新型工具是一种结构简单、使用方便的用于打开10千伏开关柜内绝缘挡板的工具，它可以快速、轻松地将开关柜内的绝缘挡板打开并进行验电操作，降低劳动强度，提高操作的安全性。

在使用时，操作人员先打开10千伏开关柜的柜门，再推动验电新型工具沿10千伏开关柜的轨道进入，楔形导向板前端先推开联动销上方的自动复位块，再由楔形导向板上的导向斜面将联动销向下压，随着导向斜面的切入联动销到达最低点，使绝缘挡板被完全打开，导向斜面继续对联动销保持束缚状态，车轮则由10千伏开关柜内的卡件进行限位，防止该验电新型工具与10千伏开关柜相撞，最后再使用验电器与带电触头接触进行验电。

10千伏验电新型工具实物图

待验电完毕后，放回验电器，拉回该验电新型工具，解除导向斜面对联动销的束缚，绝缘挡板则复位关闭，自动复位块在弹簧的作用下自动复位，该验电新型工具完全退出10千伏开关柜后，关闭10千伏开关柜柜门。采用该验电新型工具打开10千伏开关柜内的绝缘挡板与用现有的方式相比，不仅操作方便省力，明显降低了劳动强度，使验电的操作时间一般不超过5分钟，显著提高了效率，还增加了人体与带电触头之间的安全距离，避免了触电事故，提高了操作的安全性。本工具只需一人就可完成验电操作，而且无须改变10千伏开关柜内的结构就可使用，使用非常方便。

☼ 成果创新点

★★★★★

对小车进行验电操作，操作时间为5分钟，安全距离测试结果为100厘米。验电小车操作灵活，仅需一人操作，打开挡板时能自动准确定位。

外观设计专利证书

⌗ 成果应用推广情况

★★★★★

10千伏开关柜验电新型工具已在公司变电站应用并取得良好效果，并在天水开关厂 kYN3-10的开关柜得到推广应用，将进一步结合生产实际改良，与其他型号的手车开关柜如中置柜KYN44-12-02进行推广应用，彻底解决手车开关柜存在验电操作困难、操作时间长、安全风险高的问题。

合成绝缘子运行特性及使用寿命研究

国网甘肃省电力公司兰州供电公司

主创人：王健
参与人：李效珍、曹少军、段朝阳、方国祥、徐向军

成果简介

　　兰州电网110千伏输电架空线路挂网运行的合成绝缘子共计31401支，占电网外绝缘总串数的81.45%。检索国内外相关权威机构研究报告，合成绝缘子运行特性及寿命研究尚停留在理论基础的研究阶段，实际运行工况主要以运行经验判定，是阻碍效率提升的关键瓶颈。因此，通过研究运行中的合成绝缘子运行特性及寿命来提高其使用价值和工作效率是极其重要的。合成绝缘子在我国正式挂网运行以来，以其表面憎水性强、防污闪性能好、机械强度高、重量轻、无须测零、少维护等优点，已在电力系统中得到了广泛认可和应用。本项目是对合成绝缘子在运行中的电气绝缘、机械强度、憎水特性、老化规律以及使用寿命进行系列研究分析，通过增加甲基基团、材料表面极性处理、选用特殊的紫外线防老剂和耐热防老剂以及"三伞结构五伞组合"伞形选择等，大幅提升合成绝缘子性能。从而达到优化绝缘配置方案、延长寿命周期和提高综合效益的目的。

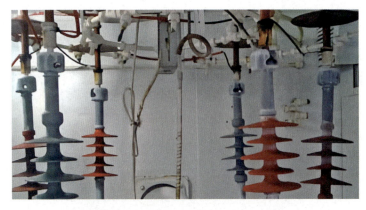

5000小时多应力人工加速老化试验现场

成果创新点

（1）选用甲基苯基硅橡胶与甲基乙烯基硅橡胶并用提高硅橡胶材料的耐热性，增加甲基基团对材料表面进行极性处理，促进填料与硅橡胶的相容，提高硅橡胶材料的憎水性迁移能力和耐污水平。

（2）选用特殊的紫外线防老剂和耐热防老剂，提高胶料在运行中的耐热老化和耐紫外光老化性能，延长产品使用寿命。

（3）首创"三伞结构五伞组合"伞型有效地提高防冰闪和雨闪能力。

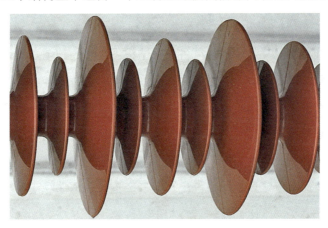

"三伞结构五伞组合"伞型

成果应用推广情况

本成果通过对合成绝缘子运行机理及安全使用周期的研究和分析，确定了合成绝缘子故障判定依据及安全使用周期。有机结合瓷质防污绝缘子、大盘径玻璃绝缘子等运行特性进行优化组合，大幅度提高架空输电线路耐雷、防污闪、防鸟害、防冰凌的水平，有效降低绝缘跳闸率。选用的"五伞组合"合成绝缘子可以在不改变结构长度的前提下，大幅提高其爬电比距，大幅提升安全系数和使用周期。本成果在全国电力系统内应用广泛，其社会、经济效益显著。

高落差高压电缆线路施工
技术及工器具

国网江苏省电力有限公司无锡供电分公司

主创人：何光华

📄 成果简介

我国电缆线路联系千家万户、各行各业，是提供能源的"电力血管"。伴随着高铁、高速公路、地铁、机场等立体交通的发展，"几"字形状的高落差高压电缆工程快速增长，该类型工程施工存在电缆分段再接增加中间接头、通道狭小传统夹具无法安全可靠固定、电缆受振动源影响产生金属疲劳但无检测及预控手段等问题，导致传统施工技术安全隐患多、效率低下，因此，对新技术的需求格外迫切。

针对上述问题，本项目立足解决"几"字形高落差多振动源高压电缆线路工程施工重大难题，依托一线工人创新实践，针对其电压高、重量大、距离长、多振动源、几字形高落差、复合狭小通道等突出特征，重点开展高落差高点无接头敷设及固定工法、可调式适位敷设固定工法及工器具、多振动源检测及局放研究，形成了成套施工检测工艺方法。项目授权发明专利8项、授权实用新型专利10项，发表论文7篇，经中国电机工程学会鉴定：研究成果首次在国际上完成多振动源、高落差高压电缆线路的设计、施工的工程实践，攻克了相关施工技术难题，具有显著社会经济效益和推广应用前景，达到国际领先水平。

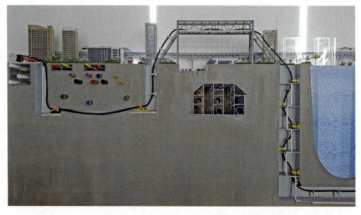

高落差高压电缆三维精准同步敷设技术整体模型图

🔆 成果创新点
★★★★

（1）首创了高落差高点无接头敷设一体化施工工法，研制了配套工器具。该工法提出了拉管、带中间限位的竖井敷设牵引力工程计算方法，构建了高落差输送方向控制的一体化同步敷设方法，实现了一体化无接头整段敷设，消除了密集区"血栓"安全隐患。

（2）首创了高度、宽度可适位调节敷设一体化施工工法，发明了4套工器具，实现了高落差、狭小通道中电缆高度、宽度适位调节敷设打弯一体化作业，有效避免了200次/

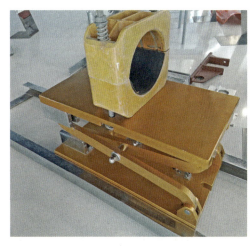

可滑移的高压电缆浮动组合固定装置

千米二次搬运的高密度质量隐患，扩展了半幅通道逃生空间，确保了人员作业安全。

（3）发明了适应于"可调式适位固定法"的2套固定夹具，解决了高落差、狭小通道中高压电缆无法安全可靠固定的工程难题。

（4）发明了基于振型、振幅、振动频率的电缆振动检测分析方法和基于脉冲时域、频域、统计算子、特征谱图等的高落差电缆缺陷局放诊断方法，为高落差电缆工程投运提供了检测技术方法和有效防振措施。

🔗 成果应用推广情况
★★★★

项目成果已在国家电网公司和广东电网全面应用，通过专利许可的工法及工器具在我国铁路、通信、石化、钢铁等行业推广应用，并推广到国际市场，目前已在沙特、巴基斯坦、新加坡等得到应用，获得了普遍好评。本项目取得的技术突破保障了电网安全，并为城市立体交通发展提供了关键的技术支撑，引领了本工程领域的技术发展方向，使中国工人的技术发明成功进入了国际市场。

输电线路采动损害快速防治技术

国网山西省电力公司晋城供电公司

主创人：宰红斌

成果简介

采空区造成的输电线路杆塔基础沉降、杆塔倾斜、构件破坏等灾害严重威胁电网安全运行，往往1基杆塔故障就会造成单条线路或多条线路停电，由于采空区输电线路基础沉降周期长、变化频繁，所以需要投入大量的人力物力进行抢修和持续跟踪监测维护，不仅增加了维护成本，而且严重威胁人身、电网、设备安全。项目团队针对上述问题开展研究，形成了适用于35千伏及以上架空输电线路使用的系列"不停电、快送电"绿色技术创新成果，解决了采空区危害输电线路安全运行的难题，保证了人身、电网、设备安全，维护与提升了公司良好的社会形象。

由陈维江院士领衔的鉴定委员会鉴定认为该项目整体技术达国际领先水平。所有金具均通过了CMA、CNAS资质的型式试验。

野川 35 千伏自适应调整基础支模

🔆 成果创新点
★★★★

一是发明了自适应调整基础，实现了基础沉降自适应调整。二是发明了全封闭螺纹防护螺母，提高了地脚螺栓防护和拆装效率。三是发明了模块化加高部件，实现了独立基础沉降快速加高。四是发明了不平衡张力释放装置，实现了不平衡张力自动释放。五是发明了高空作业自带后备保护调整板，实现了调整弧垂移动导线自带后备保护。六是发明了球头与球窝组合式连接金具，提高了安全带电作业效率。

自适应调整基础

全封闭螺纹防护螺母

模块化加高部件

不平衡张力释放装置

自带后备保护调整板

球头与球窝组合式连接金具

⚛ 成果应用推广情况
★★★★

本成果在山西、陕西、河南、黑龙江等地区进行了推广应用，3项成果上线国家电网公司电商平台，2项成果与南京电力金具设计研究院有限公司现场签约，5项成果在国家知识产权局许可备案。

特高压 V 型绝缘子串带电更换技术

国网湖北省电力有限公司超高压公司

主创人：闫旭东

参与人：胡洪炜、李明、向文祥、汤正汉、吴启进、王星超

📄 成果简介

　　2008年12月，世界上第一条投入商业化运行的特高压交流线路1000千伏晋东南—南阳—荆门特高压交流试验示范工程投产运行。1000千伏线路其杆塔的横担结构、窗口间隙相较500千伏线路发生了很大变化，尤其是导线分裂数、绝缘子串组装金具结构。1000千伏南荆I线，其中中相为V型绝缘子串的直线杆塔占总塔数的83%，在输电线路的运行中，由于各种因素的影响，绝缘子的损坏不可避免，为了保证供电可靠性，必须对损坏的绝缘子进行更换。停电更换绝缘子将对电网运行和电能供应产生极大影响，选择带电更换绝缘子成为必然，因此必须设计一套安全适用的带电作业工器具。

　　本成果根据特高压窗口结构型式及串长特点，确定吊篮轨迹法进出等电位，计算、选定进入电位的合适距离，制作了进入电位的轨迹绳，确定带电作业绝缘拉杆及提线系统组装型式。根据最大垂直荷载的核算选择合适吨位的特高压线路带电用绝缘工器具和金属工器具，并进行机械性能试验，以达到机械强度要求。根据特高压线路的外绝缘水平，所选择的绝缘工器具应满足绝缘工器具的最小有效绝缘长度，并进行电气性能试验，以达到电气强度要求。

绝缘软拉棒

成果创新点

本成果创新研制了绝缘软拉棒，与传统硬质绝缘承力工具相比重量减少80%，便于运输和组装操作，且增加了有效绝缘长度，提升了安全系数。此外还研制了钛合金联板翼型卡以及大吨位便携式液压提线杆，整套工具的重量比传统工具减少90%，减少作业人员8人，工作效率提高80%，做到了工具轻便，工艺巧妙，操作省力、省时。

带电更换特高压V型绝缘子串作业现场

成果应用推广情况

本成果已被广泛应用于特高压线路带电作业检修领域，填补了我国特高压带电作业V型绝缘子串更换工器具研制和带电作业检修应用技术上的空白，在国家电网公司带电作业技术年会上进行了操作展示。

线圈类设备绕组故障带电检测技术

国网新疆电力有限公司电力科学研究院

主创人：王建

参与人：姚陈果、李伟、张勇、马勤勇、金铭、魏伟

成果简介

针对电网线圈类设备绕组变形故障缺乏行之有效的带电检测手段这一技术难题，该团队将脉冲功率技术与测量技术及电气设备故障诊断技术进行有效结合，提出了一种针对电网线圈类设备尤其是主变压器或高压并联电抗器的绕组故障带电检测技术，研发了适应750千伏高压并联电抗器和主变压器的绕组故障带电检测成套装置和可现场便捷使用的绕组故障带电检测仪。绕组故障带电检测仪采用短时傅里叶算法快速获取绕组脉冲频率响应曲线，并进行数据特征量提取，实现了线圈类设备绕组变形故障的带电检测及状态评价。本成果在技术

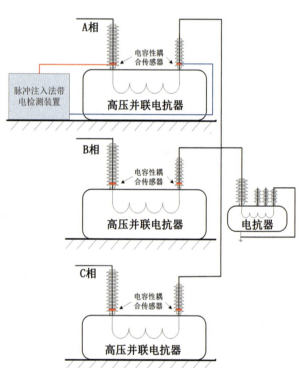

线圈类设备绕组故障带电检测技术示意图

及措施方法上有大的突破，自主创新程度高，技术达到国内领先水平，获得发明专利1项，实用新型专利10项，发表论文8篇。

 成果创新点

　　本成果提出了基于脉冲在线注入的绕组故障带电检测方法，方便且安全地实现了线圈类设备绕组变形带电检测，该技术检测绕组的微小形变的效果更加明显，能够灵敏地发现潜伏性缺陷，从而解决了传统绕组变形测试必须停电的技术难题。

线圈类设备绕组故障带电检测技术现场安装图

成果应用推广情况

　　本技术在新疆电网750千伏乌北变电站、吐鲁番变电站、达坂城变电站、220千伏三道湖变电站、老满城变电站等多台750千伏主变压器和高压并联电抗器主设备上进行了绕组变形带电检测示范应用，通过检测及时掌握了绕组的初始指纹数据，并通过横向对比客观反映了绕组的健康状态。采用本技术方法进行检测，检测时间由常规的停电检测10小时大幅缩短至15分钟内带电检测，可有效避免电网设备长时间停电带来的电量损失，提高电网运行的可靠性。

交直流电网精细化电磁暂态建模及实时仿真技术

国网电力科学研究院有限公司

主创人：侯玉强
参与人：李威、王玉、刘福锁、李兆伟、李碧君、薛峰

📋 成果简介

　　我国已建成世界规模最大、电压等级最高的交直流混联电网，在国家能源资源优化配置中发挥了重要作用。特高压互联格局和规模化清洁电源结构的持续调整，使得电网特性发生本质变化，为防御大面积停电事故，我国电网普遍配置安全稳定控制系统。

　　为了准确模拟电网在故障后的安全稳定特性变化，保障控制系统的可控、在控、能控，弥补现有基于交流同步电网的仿真建模、特性认知技术和装置级开环验证方法的不足，团队对交直流电网仿真建模与控制系统验证技术进行了长期、有效的探索和实践，提出了"交流电网等值建模、控制系统精细建模、直流系统精准建模"的总体解决方案，攻克了交流电网动态等值、直流控保系统精准建模、跨仿真平台模型转换、控制系统硬件在环功能等效、复杂实时仿真试验场景构建等多项关键技术，构建了区域电网级复杂控制系统硬件在环试验验证平台，有效提升了交直流电网仿真分析的精细化和可信度，提高了控制系统的运行可靠性水平。

系统保护实验室实景

成果创新点

（1）保全电网关键稳定特征的交流电网动态等值方法。

（2）特高压直流及其控制保护系统精准化建模、交直流耦合特性分析及优化控制。

（3）基于实时仿真环境的电力系统控制元件及新能源机组自定义建模方法。

（4）控制系统功能等效及复杂试验验证场景构建方法。

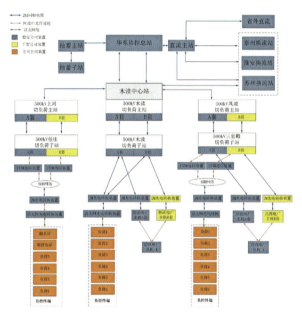

江苏电网精准负荷控制系统功能等效示意

成果应用推广情况

成果在国家电网公司六大区域电网和多个省级电网应用，支撑构建了全球规模最大的系统保护硬件在环试验平台，对保障特高压交直流工程顺利投运和安全运行发挥强有力的支撑作用。自2017年3月以来，国家电力调度控制中心组织系统保护实验室依托创新成果完成六大区域系统保护，以及江苏、浙江、安徽、上海、河南等省级电网精准切负荷控制系统的硬件在环试验，有力保障电网安全稳定运行，经济效益和社会效益巨大。

城市配电网"标靶式"稽查电能负荷监测仪

国网天津市电力公司城东供电分公司

主创人：黄旭

参与人：张革、班全、梅振鹏、朱江、陈剑、刘加喜、付志刚、刘瀚冰、张杨潼、
王合兵、孙宏亮、王海、何泽昊

📋 成果简介

　　本成果主要针对如何快速查找高损10千伏线路电量流失点的课题进行攻关，率先提出了对高损线路"自主分段、自动比对"的反窃电精确稽查模式，在配网分支处安装电能负荷监测仪，从而实现复杂线路分段监测，通过自动比对采样的各段供售负荷，就能快速甄别出高损区段，层层细分后快速定位至电量流失点，彻底将原有全量普查，革新为精准稽查的工作模式。运用太阳能充供电技术，解决了设备隐蔽安装和远距离数据同步传输的问题。采用无线智能加密通信技术，建立了数据保密安全通道。通过对称加密算法和身份认证，实现了负荷数据的安全存储和事件记录，加强了负荷监测的安全管理和过程管控。选用高精度计量和缓存芯片，将测量精度提升，量程拓宽，满足了全量测量需求。同时缓存芯片可在通信失败情况下存储带有时标的节点数据，确保负荷数据连续、准确。负荷采集器采用防火防水、降低风阻的流线型壳体设计，卡口处经多个矢量点逐个校准，一次闭合成功率100%。卡口伸缩性强，可安装在各种线径的线路上，实现了简易不停电安装和多次循环使用的功能。

负荷采集器

成果创新点

★★★★★

（1）创造性地提出了复杂线路分段稽查思路，将高损线路层层聚焦，缩小范围，直至锁定电量流失点，实现10千伏线路"标靶式"稽查。

（2）首创光伏供电稽查中继功能，实现任意位置安装、不停电装拆、无外接电源、可远程通信等四大创新特点。

光伏中继

成果应用推广情况

★★★★★

2016年以来，采用该负荷监测仪使稽查效率提高3倍，高损监控区内10千伏线损率同比下降4.82个百分点，为公司避免了近千万千瓦时的电量损失。目前高低压线损已稳定在合理范围之内并形成逐年降低的向好趋势。分支负荷监测思路广泛应用于高低压线损治理工作中，衍生出高压电量监测仪、低压导轨表等相关产品，目前本成果相似产品已在多个电商平台推广。

城市管廊智能化运维及多状态
在线监测关键技术

国网河北省电力有限公司石家庄供电分公司

主创人：李乾

参与人：赵宁、贺鹏、白云飞、徐亚兵、杨博超、邢昆、王立军、邵博文、钱恒健、李宏峰、郭涛、张博、马伟强、张琳、谭帆、薛源、陈阳、秦研

成果简介

　　随着国内智慧城市建设进程的不断加快，架空线路供电改为地下电缆供电已成为趋势，电力管廊需求迅猛增长。项目团队于2014年起开始研发电缆管网智能化管理平台。该平台基于地理信息及卫星定位技术，融合了电缆数据分析、身份识别、设备监控、预警等功能，实现了管廊资源及电缆设备的信息化管理；实现了管廊及电缆设备的在线监测及智能分析，完成4项关键技术研发并形成自主创新成果。项目经中国电工协会鉴定项目成果整体达到了国内领先水平，在电力管廊多状态在线监测与智能化关键技术及应用方面达到了国际先进水平。成果已授权发明专利7项，实用新型3项，获得软件著作权1项，发表论文5篇。

　　目前，电缆管网智能化管理平台运行状况良好，经济、社会效益显著，已在多个省市城市推广使用，为智慧城市综合管廊的发展探索出了一条可行的道路，具有广阔的应用前景和巨大的市场潜力。

接地环流监测设备模型

成果创新点

（1）提出了电力管廊微小形变和环境温度的在线监测方法，实现了对电力管廊的环境温度、隧道形变的实时监测、历史分析及趋势预测。

（2）提出了电力管廊多监测量协同处理方法和多维度健康评价体系，实现了电力管廊状态实时监控与评价。

（3）提出了基于曲面平滑算法的智能通道动态建模方法和电缆管网交互敷设方法，实现了电力管廊三维模型和电缆管网图形化交互敷设的自动生成。

（4）开发了电力管廊管理信息系统和基于物联网的电子化移动巡检智能终端，实现了电力管廊的协同管理及智能运检。

电缆隧道剖面模型

成果应用推广情况

本成果在电力行业应用以来，将应用地区的百公里外破事故率降低了20%，电缆线路运检效率提高60%。成果已在河北、山西、四川等多个省市城市进行应用，取得了显著的经济效益，对电力、地铁、供水、供热等地下管线运维管理起到了示范作用。近三年来节约档案管理及勘察测绘费用103.66万元，新增销售额超2亿元，三年内累计发现并处置故障1352起，挽回经济损失5000余万元。

研制移动式铠甲挂装防尘棚
实现 GIS 安装环境质量双达标

国网河北省电力有限公司邯郸供电分公司

主创人：高鹏
参与人：李志博、申国强、刘靖峰、李淑侠、王坤泉、段剑

📋 成果简介

以往户外GIS安装处于"靠天吃饭"的状态，即便搭设简易防尘棚安装环境仍不能达标，GIS设备灰尘放电时有发生。

依据网省公司质量控制文件中对GIS组合电器安装环境的具体要求研制出YJKG型移动式铠甲挂装防尘棚（以下简称防尘棚），在GIS对接部位形成完全封闭的净化空间，实现安装环境局部净化，满足GIS安装温度、湿度、空气洁净度的要求。

防尘棚采用装甲挂装式结构与框架连接，安装简便且尺寸可调节，能够满足不同电压等级GIS尺寸需求。四面墙体采用阳光板镶有机玻璃板增加透光性；底部按功能完成区域硬化，上层敷设防尘毯，采用软硬结合的方法完成防尘棚底部封闭；组合电气对接口采用通用模块、双层强磁包封，保证防尘棚整体密封；装备4台配有4层滤网和活性炭包的新风机，两台工业级除湿空调，凭借过盈的功率配置实现环境控制目标。突破场地、天气对GIS安装环境的限制，实现GIS"工厂化"安装，使安装工艺和质量得到有效提升。

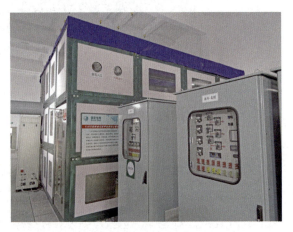

移动式铠甲挂装防尘棚外观

成果创新点

　　YJKG型移动式铠甲挂装防尘棚采用装甲挂装式结构与框架连接，尺寸可调节；采用软硬结合的方法完成防尘棚底部封闭；通用对接口封闭模块，保证防尘棚整体密封；进门处风淋装置实现除尘360度无死角；施行"三维"红外对准安装工艺，消除导体和绝缘子不均匀受力。

"三维"红外对准安装工艺

成果应用推广情况

　　YJKG型移动式铠甲挂装防尘棚适用于不同电压等级、不同形式的GIS安装环境控制。可以根据GIS基础尺寸进行调节，采用模块式对接组装可以移动、快速拆装，也可多模块扩大化对接。

　　2015年6月至今，在河北省邯郸、邢台、保定、石家庄、沧州等供电公司基建、技改、扩建施工中运用该项创新成果，创造经济效益累计约为3612万元。

保障高可靠性供电的应急电源车配套装置

国网上海市电力公司嘉定电公司

主创人：钱忠

参与人：沈阳、樊子晖、余松蓉、薛飞、徐阳、刘永奇

成果简介

因检修工作或故障导致台区临时停电时，采用应急电源车提供应急供电已成为缩短用户停电时间、保障供电可靠性的常用手段。但是，应急电源车的接入普遍存在现场设备通常不具备可供应急电源车电缆带电接入的条件、应急发电车的供电电缆只能等待用户停电后再进行电缆接入工作的问题，导致检修线路所供的大量低压用户仍将遭受长时间停电的困扰，降低了供电可靠性，降低客户满意度。

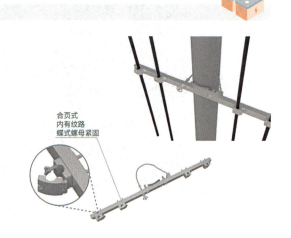

柔性电缆登杆横担

国网上海嘉定供电公司研制"保障高可靠供电的应急电源车配套装置"，通过电缆快速接头将应急电源车的电缆连入一台双电源开关柜，再将开关柜的出线电缆通过快速接头连接检修线路设备，具体包括：

（1）电缆登杆固定装置一套。装置采用玻璃钢横担为基础，可通过快速收紧式链锁在电杆上固定，每路横担上有4只铰链式电缆固定锁扣，实现低压电缆登杆，配合安装有快速接头的过渡连接引线将供电电缆与低压架空导线可靠连接。

（2）多功能双电源开关柜。在应急电源车与低压架空导线之间增设了一台具有双电源的联络开关柜，双电源同时待命，单电源接入用户，发生停电事故可自动切换，重要活动对停电事故近乎"无感"转切供电，同时提供了多用户输出能力。

（3）模块化、通用型连接装置。弹簧夹式、线夹式、T字形电缆快速连接接头，实现了针对不同母排形式的快速连接，相对于传统铜制接线耳连接方式更为灵活。

成果创新点
★★★★

保障高可靠性供电的应急电源车配套装置改变以往"点到点"的应急电力供应模式，转化成"点到面"模式，创新实现了应急电源车为低压架空导线沿线客户提供应急电力保障，还为带负荷更换变压器及跌落式熔断器等综合不停电作业项目的开展提供装置支持。

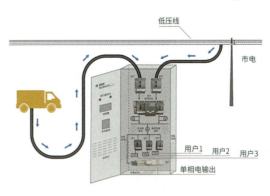

多功能双电源开关柜

本项目研制出新型应急电源车用双电源开关柜，提出保电、发电新模式，一旦市电中断可立即通过断路器和转切开关实现翻电，及时恢复用户供电。本项目研制出弹簧夹式、夹板式和线夹式快速电缆接头以及电缆航空插座，适合各种母排规格，具有拆装方便、材料可反复使用、易操作等特点，使应急电源车的电缆接排更快速、更安全，同时大幅减少接排过程中材料支出费用。

成果应用推广情况
★★★★

本成套装置自投入应用以来，已经累计提供保电、发电服务共计235次，其中包括嘉定电网架空线绝缘化改造、新农村电气化建设等重点工程和F1中国大奖赛等重大活动的保电、发电任务。累计节约人工费用、接排费用、材料费用共218.5万元。同时，多供给的电量每年产生经济价值约428万元。本成果为用户提供快速应急电力保障，有利于维护重要政府机构、科研院所、生产企业、中小学校的正常运转，所带来的社会效益远大于其所产生的经济效益。尤其是应急电源车供电方式的转变在上海打造卓越营商环境、推进新农村电气化建设、架空线路入地、为老百姓办实事维护和谐社会稳定发展等方面作出了突出贡献。

电力用油智能动态密封储油罐

国网福建省电力有限公司南平供电公司

主创人：林晓铭

参与人：陈君、连鸿松、阮肇华、何捷、林跃、黄炜

成果简介

目前主变压器油枕动态密封不足，气温变化时油品热胀冷缩造成的油位变化微小，不能满足当下对动态密封的需求。本项目电力用油智能动态密封储油罐内安装有特制柔性胶囊、柔性隔膜或不锈钢波纹伸缩器等方式的柔性补偿体积装置，并配套有相应的传感、检测、控制仪器。柔性胶囊外表被容器内油品包围，胶囊内腔与外界大气保持通畅，柔性胶囊的呼吸空气功能平衡了容器内油面上部空间体积、压力的改变，实现动态密封。电力用油智能动态密封储油罐不仅能在进行大量加油、放油等油位大幅度变化工作时保证动态密封，还能防止假油位出现，有效提高了变压器油储存质量，减轻变压器油管理难度。

电力用油智能动态密封储油罐自主专利项目实物图

⚙ 成果创新点

⭐⭐⭐⭐

电力用油智能动态密封储油罐项目克服了传统电力用油无法动态密封储存的缺点，无论是在静置储存，还是在加油、放油工作中都能保证密封，实现动态密封储存，并配套安装了智能控制装置，提升了国内电力用油储存技术。

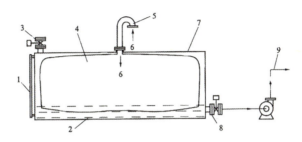

图中：
1——电接点磁翻板油位计；　　6——外界空气；
2——变压器油；　　　　　　　7——动态密封罐；
3——进油电磁阀；　　　　　　8——出油电磁阀；
4——柔性胶囊；　　　　　　　9——出油。
5——呼吸管；

电力用油智能动态密封储油罐自主专利项目原理图

⚙ 成果应用推广情况

⭐⭐⭐⭐

本成果已在国网福建省电力有限公司八大地市级供电公司和省检修公司运用；已在福建省内漳平、永安、邵武等地火电厂，以及水口、棉花滩、古田、沙溪口等水电厂运用；已在省外供电公司运用，特别是浙江紧水滩电厂全厂十多台共600多立方米油罐全部在运用此项专利技术。

电力用油智能动态密封储油罐于2009年6月起推广试用，在变压器油智能动态密封存储方面发挥了重要作用，改变了国内电力用油储存技术几十年未有实质性进步的状况，有效提高了变压器油储存质量，切实提升了变压器油存储管理水平，被国家电力行业标准《变压器油储存管理导则》（DL/T 1552—2016）推荐为优选储油方案，具有广阔的市场前景。

基于 GPRS 的智能高压核相仪

国网山东省电力公司临沂供电公司

主创人：刘学强

参与人：刘长道、陈玉、朱超、郭昌林、程学祥、孙士强

成果简介

在实际的电力运行中，新发电站并网、新变电站投产前，以及输变电工程扩建、改造或主设备大修后，竣工投运现场经常要做核相试验。目前，三相电力线路核相仪器大多采用有线核相方式，并仅支持本地核相和近距离核相，尚不支持远距离核相，核相范围有明显的地域限制。

基于GPRS的智能高压核相仪的研制用于两条高压线路并网或环网核相，同时具有远程智能核相的功能，可在异地远程唤醒主站端核相仪，从而使主站完成自动测量并将数据发送至远程端。仪器适合0.38 ~ 500千伏输电线路带电作业和二次侧带电作业，具有高压验电功能。仪器采用无线传输技术，操作安全可靠，使用方便，克服了有线核相器的诸多缺点。仪器采用GPS授时技术，两台（或多台）仪器可以相隔几百千米核相。同时，仪器采用GPRS无线网络通信，稳定性强，抗干扰能力强。

基于GPRS的智能高压核相仪采用远程无线传输，实现测量过程中的非接触测量，远程端实行自动无人值守，为核相人员的人身安全提供重要保障，同时保证了电力系统的可靠性。

基于 GPRS 的智能高压核相仪——主站端

🔅 成果创新点

★★★★

（1）超远距离传输，核相信号最远传输距离可达500千米。

（2）精确对时，利用GPS授时技术消除网络传输带来的时间延迟。

（3）提高工作效率，将核相工作减少到2人即可完成。

（4）具备鲁棒性，采用GPRS+PSIN网络作为传输通道，提高抗干扰能力。

基于GPRS的智能高压核相仪——远程端

🔗 成果应用推广情况

★★★★

　　本仪器性能可靠、操作方便，所采用的基于GPRS通信技术和卫星授时技术能够满足随时、随地和不同电压等级间核相的需要，同时本成果提出了基于主站端的核相方案，成功解决了传统核相参考标准不统一的问题，本核相机制以主站端为参考相位，所有被测相位都与之比对，实现相位统一，为高压核相的建设提供了良好的技术支撑。目前，该仪器已通过权威机构检测，在山东、河北等多个省进行推广，推广前景非常好，具有良好的社会效益和经济效益。

金属铠装柜一体化验电接地手车装置

国网甘肃省电力公司兰州供电公司

主创人： 郭锐

参与人： 郭海龙、蒋甘宁、赵永萍、赵宝、司晶晶

成果简介

　　6~35千伏金属铠装柜是全封闭设备，接线不直观，带电部位隐蔽，使发生人身触电事故的概率大大增加，在技术上如何保证操作和工作安全，杜绝该类事故显得尤为重要。"金属铠装柜一体化验电接地装置"从如何安全工作和操作入手，依据《国家电网有限公司电力安全工作规程》《国家电网有限公司防止电气误操作安全管理规定》《国家电网有限公司十八项电网重大反事故措施》中保证安全的技术措施、"五防"要求进行实施，利用完善的电气、机械、微机"五防"闭锁原理有效地防止误入带电间隔、带电合地刀或带地刀合闸，同时保证接地点的唯一性。通过设置手电动操作、机械闭锁、限位、控制静触头隔离挡板的开启方式，彻底解决金属铠装柜母线检修无法验电、接地的重大安全隐患，在技术上极大保证了操作和检修人员安全，使得金属铠装柜母线验电、接地更加安全可靠，达到了提升金属铠装柜本质安全水平的效果。目前成果已研发到第三代。

金属铠装柜一体化验电接地手车装置实物图

成果创新点

本成果实现了"验电装置完好性检查、接地点的唯一性、防误入带电间隔、防带电挂地线或合接地刀闸、防带地线或接地刀闸合闸送电、装置位置检查"等12项功能，根据科技查新结果，国内无同类产品，技术国内领先。

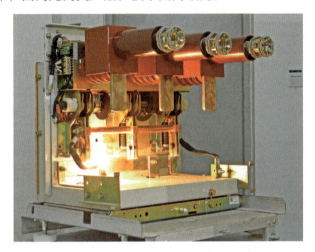

金属铠装柜一体化验电接地手车装置背面图

成果应用推广情况

该装置通过了国家型式试验和新产品鉴定，其关键技术已纳入国家电网公司12千伏开关柜设计定制标准，被专家评价为"小发明大效益"，为生产企业提高产品技术提供了技术标准，对促进我国该生产行业的发展、构建产业的技术创新和提高本质安全水平，都具有非常重要的意义。

本成果技术成熟，适用于全国电力系统及用户变电站、发电厂等，可在全国任意一家具备金属铠装柜生产能力的厂家批量加工生产。目前，已完成成果转化，在全国推广应用1000余台。

室内 S 型多维轨道式电力智能巡检机器人

国网宁夏电力有限公司超高压公司

主创人：赵欣洋

参与人：邹洪森、刘婷、杨稼祥、王思、叶涛、李磊、仇利辉、靳武、陈瑞、张斌

📋 成果简介

　　对电气设备开展例行巡检是保证设备安全运行、提高供电可靠性的重要措施。自国家提出机器代人创新产业政策后，电力系统开展了机器人代替人工巡检的研究应用。目前推广的轮式、履带式巡检机器人，实现了室外设备的智能巡检，但该机器人存在无法精确采集、识别设备显示信息，信号传输不稳定，不能安全进出室内外等技术难题；无法对变电站平行并排、立体化布置的保护自动化设备进行全覆盖智能巡检。针对上述问题，国网宁夏电力职工创新团队制定了研发S型轨道机器人和智能新算法的技术方案，并重点在轨道结构、避障控制及识别算法等方面开展攻关，研制了室内S型多维轨道式电力智能巡检机器人，实现了对室内电气设备24小时不间断的专业化智能巡检，为室内设备的安全稳定运行提供了有力的技术支撑及安全保障。

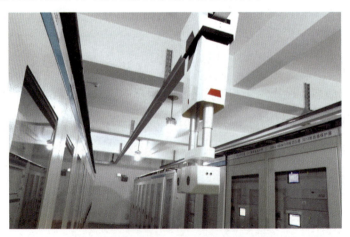

室内 S 型多维轨道式电力智能巡检机器人

成果创新点
★★★★

（1）全范围空间覆盖。国内率先发明了小曲率半径的S型多维轨道控制平台，转弯半径仅40厘米，实现了户内设备巡视由点到面，由平面到立体的跨越，巡视效率提高20倍以上，巡视项目覆盖率达100%。

（2）高精度导航定位。创新研制了神经网络预测模型的伺服装置及激光球状空间测距的闭锁机构，实现了机器人在狭小空间的精确定位和避障控制，定位误差仅3毫米，对突发移动障碍物的辨识率达100%。

（3）智能化设备检测。开发了局部特征匹配判据及虚拟表盘线段判定等多原理智能识别算法，实现了室内设备表计指示、开关位置、阀门开度、液体渗漏等10余项参数的精确采集识别和智能诊断分析，检测结果正确率达100%。

成果应用推广情况
★★★★

成果通过了国家级检验中心检测及宁夏回族自治区科技成果鉴定，由谭建荣院士领衔的鉴定委员会一致认为：成果技术达国际先进水平。该机器人在宁夏两大跨区直流工程应用以来，在设备智能检测方面发挥了重要作用：工程累计外送电量突破7000亿千瓦时，实现了"地下煤"到"空中电"的转变，有效保证了国家西电东送战略的顺利实施。截至目前，成果已在国内10个省份销售700余套，新增产值近3亿元。随着"一带一路"倡议的深化，成果可随特高压技术成套出口国际市场，发挥更加显著的效益。

运行状态下高压断路器潜伏性故障监测技术

国网江苏省电力有限公司

主创人：陈昊

参与人：谭风雷、徐鹏、张海华

成果简介

　　高压断路器作为电力系统的"守卫者"，是实现电流流向切换、隔离故障电路的关键设备。机械故障、外绝缘故障和二次回路漏电故障是高压断路器最常见的三类潜伏性故障，其隐蔽性强，特征不明显，预警难度极高。目前国内外普遍采用停电检测方法，脱离了断路器实际的运行状态，仅能发现部分潜伏性故障。基于此，运行状态下高压断路器潜伏性故障监测技术已经成为电网亟待突破的重大课题。

　　本成果针对高压断路器外绝缘故障监测问题，发明了绝缘缺陷的瞬态电场畸变精准辨识技术。针对机械故障诊断问题，提出了机械部件异常的振动—电流信号融合研判技术。针对回路故障监测问题，首创了回路故障的特征电流时空校正技术。

　　本成果授权发明专利25项，受理美国、日本等海外发明专利5项；牵头制订中国电工技术学会标准1项，核心技术被纳入国家标准2项、能源行业标准1项、团体标准1项；发表论文25篇，出版专著4部。在全国范围内实现跨地域、跨行业的应用推广，对提升电力行业巡检装备的整体智能化水平、延长设备使用寿命、提高电网安全裕度发挥了重要作用。

研发人员对早期版本装置进行测试

成果创新点

（1）发明了高压开关绝缘缺陷的瞬态电场畸变精准辨识技术，实现了高压开关运行状态下绝缘缺陷的动态识别。

（2）提出了高压开关机械部件异常的振动-电流信号融合研判技术，实现了高压开关机械故障的部件级识别。

（3）首创了高压开关电控回路故障的特征电流时空校正技术，实现了电控回路故障的全覆盖识别。

装置在 500 千伏东善桥变电站安装应用

成果应用推广情况

本成果研发的装置通过了具有CNAS和CMA资质的第三方检测机构检测，通过直接售卖、专利许可、检测服务等方式，实现了江苏、新疆、西藏、云南等二十几个省份的推广应用。应用遍及二十余个省份的3000余座变电站，变电站电压等级覆盖10~1000千伏全电压等级变电站。应用已拓展至电力、化工、矿业、交通等行业。成果应用于乌兹别克斯坦穆龙套变电站工程、印度尼西亚佳通水泥厂变电站工程、泰国大鳄鱼变电站工程等多项海外重要变电工程，反响良好。

主动查防式防窃电系统

国网河北省电力有限公司邯郸供电分公司

主创人： 朱劲雷

参与人： 马建巍、郝谭、闫辉、谭帆、胡志强

📋 成果简介

　　窃电是困扰电力供应的一项世界性难题，不仅困扰着电力企业的发展，也严重影响了国家的经济建设和社会的稳定。本成果历经多年研究，面向高压、低压防窃电需求，针对现有反窃电技术手段单一、技术薄弱、工作量巨大、准确度不高且无法保障稽查人员的人身安全的问题，在防窃电关键技术和装备研发等方面进行了科研攻关，取得突破性技术成果。本成果由高损分支窃电分析定位系统、低压用户批量筛查系统、高压反窃电主动防御系统、主动防御表箱、掌上查窃仪、电流五点定位监测方法等关键技术组成，得到了国网河北省电力有限公司、中国电工技术协会、国家电网公司科技部的高度认可，国家电网公司科技部评价此创新成果："技术先进，具有很高的转化价值。具有十分重要的经济意义和社会价值。"中国电工技术学会鉴定委员会评价为："项目整体达到国内先进水平。"

全封闭智能防窃电、防干扰、带人体感应表箱

💡 成果创新点

★★★★

（1）针对高压窃电情况研发高损分支窃电分析定位系统，设计了无线传输互感器，提出了高损线路监测节点布控方法。

（2）针对低电压小电量用户窃电、遥控窃电装置，研发"远程＋现场"批量筛查法。

（3）研发了一套高压反窃电主动防御系统，设计了主动防御计量表箱。

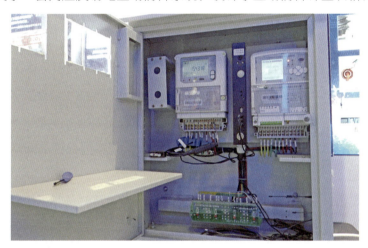

全封闭智能防窃电、防干扰、带人体感应表箱内部装置

🔗 成果应用推广情况

★★★★

本成果已在多个省（区、市）地区获得推广应用。近3年来，仅邯郸地区追缴电费1亿余元，经济效益显著。

无刚性碰撞的抗舞间隔棒

国网河南省电力公司电力科学研究院

主创人：吕中宾

参与人：杨晓辉、伍川、刘光辉、陶亚光、王超、叶中飞

📑 成果简介
★★★★

　　间隔棒作为输电线路应用数量最多的金具之一，是电力能源传输"跑道"的重要"关节"，是保障电网供电的关键部件，具有防电晕、防子导线扭绞磨损、保证可靠供电的重要作用。但目前间隔棒存在舞动条件下故障受损率高的突出问题。在2018年1月舞动事故中，湖北渔兴线、安徽都山线等17条线路均出现不同程度的间隔棒受损、防舞装置断裂等问题，严重影响线路安全运行。

　　针对上述问题，项目组创新性地研发了无刚性碰撞的间隔棒连接形式及新型加强型抗舞间隔棒。通过金属与弹性材料结合面形变特征分析，实现了胶垫式阻尼间隔棒的有限元建模分析。不同承载条件下的结构受力分布特征表明：框板与线夹连接部位为间隔棒的薄弱环节。本成果创新性地提出了"无刚性碰撞"的间隔棒连接形式，研发了四、六分裂形式新型抗舞间隔棒。极限承载试验和真型舞动试验表明，新研发的间隔棒能够有效解决舞动带来的间隔棒磨损问题，其综合机械强度比原有产品性能提升90%。成果形成的试验方法、金具连接形式和间隔棒产品，分别在电力行业标准、新建线路工程、电力器材生产制造得到推广应用。

四分裂加强型子间隔棒

💡 成果创新点
★★★★

（1）首创了间隔棒线夹与框板"无刚性碰撞连接"的结构形式，通过设置大尺寸阻尼关节橡胶垫，提高了间隔棒抗扭转载荷的能力，解决了现有间隔棒线夹抗扭转能力不足的问题。

（2）创新性地提出了"扣合式双框板"的间隔棒框架结构，大大增强了框架整体机械强度及抗扭转性能。

碟形关节橡胶垫　　　　　　　　　　　无刚性碰撞结构

🔗 成果应用推广情况
★★★★

新型抗舞间隔棒得到了国家电网公司的高度认可，被纳入2017年依托工程设计新技术推广应用实施目录（国网基建技术〔2017〕107号文）。项目组分别研发了双、四、六、八分裂导线系列间隔棒产品，可应用于各电压等级输电线路上，扩大了专利应用推广范围。系列产品已应用在包括±800千伏青豫线、1000千伏豫阳线等国家跨区输电重大工程在内的55条输电线路。产品自投用以来，性能优异，有效解决了由线路舞动造成的间隔棒受损及导线磨损问题。

新型加强型抗舞间隔棒在线路的应用有效提升了输电塔线的抗舞水平，产生了巨大的经济效益和社会效益。

安全高效的配网作业多功能器具

国网山西省电力公司长治供电公司

主创人：杨建伟

参与人：王婵琼、黄小强、李海鹏、宋康

成果简介
★★★★

　　本项目利用力学、光学、电学、仿生学等原理，重点对配电线路架设、配电设备运行与维护、配电设备检修与试验等多方面研究，结合地域特点，历时多年自主研发了适用于配电网的多功能作业器具，共研发改进系列工器具10件（套）。项目授权专利15项（其中发明专利3项，实用专利12项），经第三方机构检测合格后投入使用。项目曾荣获：第六届全国职工优秀技术创新成果优秀奖、国家电网公司科技进步二等奖、山西省科技进步二等奖、创客中国山西省总决赛二等奖、中国水利电力协会质量管理成果二等奖、山西省质量管理成果特等奖、长治市"五小"竞赛一等奖。

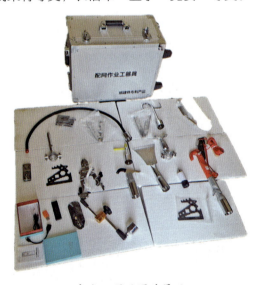

部分工器具图片展示

🔅 成果创新点
* * * *

本成果结合配电网工作的特征，提出了配网作业多功能器具的"四化"，即：系列化、集成化、实效化、便捷化。针对以往工作中的工具冗余繁重等难点，发明了在配网作业中使用的系列工具，包括在跨越架上应用的架空导线跨越过线装置、横担安装辅助装置、多功能花式扳手，以及多种组合工具、异性组合工具等，大幅减轻了工作人员负担，全面提升了工作效率，有效降低作业时间。

主创团队对配网作业多功能器具进行研发改进

🔗 成果应用推广情况
* * * *

本套工器具帮助基层单位实现安全高效的配电网作业，经国家电网公司电商平台、国网山西省电力公司成果转化，在山西、河北、河南等部分地区推广使用，已广泛应用于山西省各地市及周边省份的配电网设备的施工架设、运行维护和试验检修等作业，大幅提升了配电网覆冰清除、树障清除等作业效率，降低人员工作强度、降低停电时长，全面提高了供电可靠性。

基于一二次融合的移动式 10 千伏分线线损监测装置

国网山东省电力公司淄博供电公司

主创人：郝洪民

参与人；刘泊辰、李剑、孔祥清、刘顺华、马良、王建训、席文娣、李天、
      孙乾

📋 成果简介

国家电网公司要求，10 千伏线路必须分线计算线损，并精确定位高损点。然而计量装置通常只安装在变电站和各用户侧，线路中间分段点和联络处是没有计量装置的。而传统监测装置体积大、安装耗时长且必须停电，严重影响供电可靠性和客户感知。

本成果依据二元件计量算法，采用全绝缘分相设计、井口 CT 和相间取电技术，它由三段式 U 型绝缘支架、一体化电子互感器和三位一体智能终端三部分组成。可以通过带电作业方式，在联络开关、分段开关、分界开关等重要架空线路关口处不停电灵活部署，实现对某段线路及设备的电量损耗实时精确监测。除了日常监测线损，如果安装在高压客户 T 接点处，还可以实现变压器损耗分析以及辅助偷窃电查处等功能。

成果在技术上，首次应用了高低压设备一二次融合，体积更小，仅为原来的 1/10；重量更轻，仅为原来的 1/16。成果采用整体误差校验技术，监测精度更准，达 0.5 秒级。在结构上，首次采用三段式可调 U 形结构设计，即安即用，可移动、可重复使用；采用全绝缘、分相设计，直接通过高压接触取能，实现带电安装。

基于一二次融合的移动式 10 千伏分线线损监测装置

成果创新点

（1）一二次设备高度集成，装拆由"停电"到"带电"；全绝缘包裹设计，高压直接取电，无二次接线。

（2）整体误差校验技术计量精度由"准确"到"精确"；一体化电子互感器设计，改变传统方式下三个独立元件分别误差校验的方式。

（3）三段式可调U形结构，应用场景由"单一"到"多样"；适应水平、三角、垂排等各种线径和排列方式的架空线路，即装即用，可重复、多场景应用。

成果应用情况

成果应用推广情况

本成果通过了国家电网公司计量中心的检验验证和山东计量科学研究院的型式评价检测；经过中电联科技成果鉴定，综合性能达到国际先进水平。成果通过了山东省创新创效服务基地的推广论证，列入了国网山东省电力公司零购项目。目前，装置已在河北、广东等23个省份的配电网推广应用1300余套，试点线路10千伏线损达标率100%。通过不停电安装，累计避免近10万低压用户停电，减少停电时间近2万小时，在提升线损指标的同时带来了良好的经济、社会效益。

电力工控系统网络边界隐患检测工具

国网湖南省电力有限公司信息通信分公司

主创人：朱宏宇
参与人：田建伟、谢培元、罗伟强、田峥、陈乾、乔宏、陈中伟

成果简介

习近平总书记指出，电力等领域的关键信息基础设施是网络安全的重中之重，也是可能遭到重点攻击的目标。随着公司加快推进电力物联网建设，公司网络更开放、终端接入更广泛，网络边界的拓展对控制区隔离防护提出了更高的要求。目前业内缺乏贴合电力工控系统的违规跨联检测等安全工具，亟须开展电力工控网络安全关键风险防控工具研发。

针对电力工控边界跨联自动化检测技术空白、边界漏洞扫描影响业务运行的行业痛点，以及适合电力工控业务特点现场运维审计技术的缺乏，本项目提出了基于设备指纹相似度的违规跨联设备定位方法，攻克了网络边界轻量无损漏洞验证、边界精益化运维审计技术，研制了覆盖边界跨联检测、漏洞发现、运维审计等工具，应

网络边界跨联检测工具实物图

用中累计发现362项边界高危隐患及259次高危运维行为，隐患排查效率提升87.5%，有效提升了电力行业边界安全防护水平。

项目研制了成套电力工控边界安全检测及防护设备，并已于2017年开始成功应用于国家电网公司及发电企业，以及交通运输等其他重点行业。本成果帮助国家电网公司、发电企业构建工控网络安全边界隐患检测技术体系，避免了因网络与信息安全事件引发的电网大面积停电事故，成果新增销售额898万元，社会经济效益显著。

💡 成果创新点
★★★★★

（1）提出了电力工控系统网络边界跨联快速发现方法。

（2）提出了电力工控系统边界轻量无损漏洞验证技术。

（3）提出了电力工控系统边界精益化运维审计技术。

网络边界隐患检测工具功能界面

🔗 成果应用推广情况
★★★★★

（1）在电力网络安全检测体系建设中的应用。本成果从2017年起率先在国网湖南省电力有限公司得到应用，并推广至河南等网省公司，在工控网络安全专项检查中，实现对内外网边界安全、工控系统漏洞和运维审计隐患的自动化检测，发现高危漏洞隐患353个，劳动效率提高87.5%，为公司工控系统安全及电网安全运行作出了重要贡献。

（2）在国家其他行业领域工控安全检测项目中的应用。本成果推广应用至澧水流域水利水电开发有限公司等发电企业，以及湖南匡安网络技术有限公司、中国铁建重工集团有限公司等单位，有效提升了发电装备、高端轨道设备装备关键信息基础设施的安全性，在安全生产、提升效益方面取得重大的工作成绩，取得了良好的应用价值。

无人机搭载高能射线清除导线异物装置

国网山东省电力公司超高压公司

主创人：孙阳

参与人：李敏、李冰冰、王蔚、韩正新、贾明亮、杜远

📋 成果简介
★★★★★

　　输电线路分布点多面广、环境复杂，塑料布等异物吹落到导线的情况极易造成短路故障。为解决传统作业手段程序复杂、安全风险高的问题，国网山东超高压公司创新研制无人机搭载高能射线清除异物装置，该装置主要包括无人机飞行平台、专用三轴增稳云台、激光发射器及远程无线控制模块四部分，装置具备灵活便捷、操控性好、作业效率高等特点，并能搭载多种多旋翼无人机机型，作业人员在地面远程操控无人机搭载装置发射高能近红外激光射线，切割清除线路上缠绕的异物，与传统作业方式相比，该装置依托无人机平台完成作业，无须作业人员攀爬杆塔或等电位作业，操作人员与输电线路设备无直接接触，可远距离及时、快速、安全地清除导线上的异物对于清除距塔较远、离地较高的异物尤为便捷。本成果的应用大幅提升了异物清除作业效率、降低了人员登塔作业风险，为电网安全稳定运行提供了有力保障。

无人机搭载云台和激光器

 成果创新点

依托无人机平台，可以适应复杂的现场环境，在地面控制完成清除异物作业；以二极管激光器为激光发射源，能量高、成本低，对塑料布等常见异物切割效率高；装置体积小、重量轻，便于搭载，适用于多种多旋翼无人机型；将发射器与三轴增稳云台及无线图传系统集成，实现对随风摆动异物的跟踪射击清除。

清除导线异物现场作业情况

成果应用推广情况

本装置只需两名操作人员及一台运输车辆即可完成作业，降低了人工、运输、青苗赔偿等成本，每次作业成本由2.6万元降至0.53万元。根据统计，2017年以来本成果应用于山东省500千伏及以上电压等级线路带电清除异物作业33次，共计节约68.31万元。无人机机动灵活作业速度快，每次带电清除异物作业的时间由2.8小时降至0.8小时；远程遥控操作即可清除异物，避免人工登塔或等电位作业，大大降低作业人员劳动强度及安全风险。

便携式多功能成套安全工器具

国网新疆电力有限公司阿克苏供电公司

主创人：刘杰

参与人：李志强、周明、王柯、杨计强、王鹏、杜占科

成果简介

　　本成果属于电力操作工具创新，主要侧重于研制出多功能带电操作组合工具及其便携式智能工具箱，以及盲插式快速插拔子母接口、柔性验电器、感光可拆离式接地线卡头、带电异物清除装置、便携式智能安全工器具箱等，构成"一杆多用"式带电操作组合工具；建立起基于智能工器具箱为平台的"随时随地"的智能化管理模式；构建专网的数据接入前台，实现工器具及运检业务的智能分析决策，解决变电站运检工作电气设备停送电操作、设备清扫、异物清除等工作中运行人员使用工器具及维护工器具成本高、劳动强度大、工作效率低、智能化管理差、大数据运用不充分等问题。该项目产品具备验电、挂接地线、拉合熔断器及校验隔刀、异物清除、清洁高空带电设备、核相、图像采集等多种功能，扩展兼容性强，利于后续扩展工具标准化生产，为集中集约智能化、标准化安全工器具提供了一个统一、规范的平台，为智能化管理及大数据的应用提供入口，达到国际先进水平。

便携式多功能成套安全工器具实物

💡 成果创新点
★★★★

一是技术创新，研制了盲插式快速插拔子母接口、柔性验电器和感光可拆离式接地线卡头等，实现"一杆多用"，与国内同类设备相比具有明显的先进性。

二是应用创新，将指纹识别、RFID监测、语音播报、LBS定位等先进技术运用到变电站运检工作中，应用先进技术提升现场工作效率，与国内同类设备相比具有明显的先进性。

三是管理创新，前瞻性地拓展了5G专网接口和PMS后台接口，为全系统工器具数据录入与信息化管理提供通道，推动班组管理向着"生命体"转型，与国内同类设备相比具有明显的先进性。

便携式多功能成套安全工器具现场应用

🔗 成果应用推广情况
★★★★

本成果广泛应用于10~220千伏等各电压等级的电网设备运维操作，以及发电厂、用户侧电力设备的运维操作，有效降低现场运维操作人员劳动强度、提高工作效率。产品通过了第三方权威机构检测，已经纳入国家电网公司电商采购目录，通过成果转化、销售成品等方式，在疆内外多家电网企业进行推广。

低压配网电力抢修车

国网浙江省电力有限公司义乌市供电公司

主创人：吴志民

参与人：吴俊华、吴志华、楼挺、庞芸、吴华坚、丁兴群、赵恒亮、何东皓、
张潮

📋 成果简介

　　原有抢修车的后备厢空间单一有效利用率不高，携带的安全工器具和备品备件准备不齐全且运输中易造成损伤。在不改变原有车辆结构和不妨碍行车安全的前提下，国网义乌市供电公司完成快速响应的低压配网电力抢修车改造及配套装置制作，增加了抢修车的实用性，打造一款高效、安全的低压配网电力抢修车。

　　低压配网电力抢修车通过研发遥控装卸升降梯台、车载泛光灯、三段可拆式安全警示围栏、专用折叠桌，以及优化车厢结构等一系列创新措施，使配网抢修任务所需的各类安全工器具、备品备件定置定位摆放，解决抢修用材料和工器具携带不充分的问题；遥控抢修梯升降装置应用，解决了抢修梯子运输、搬运简单安全，且省时省力。

　　经过实际应用，这款改造后的抢修车故障抢修的折返率大幅下降，抢修时间显著缩短，提高了供电可靠性，减少故障停电对群众生产生活的影响，为群众提供更优质的电力服务，实现抢修工作规范、高效、安全、经济。本成果已申请了两项国家发明专利和五项实用新型专利。

低压配网电力抢修车创新成果——集成空间

💡 成果创新点
★★★★★

通过研发遥控装卸升降梯台、车载泛光灯、三段可拆式安全警示围栏、专用折叠桌、优化车厢结构等一系列创新措施，实现了安全工器具和备品备件的定置定位摆放，解决抢修用材料和工器具携带不充分的问题；两盏车载照明灯可利用汽车蓄电池供电，解决了遇有较大故障，手提照明灯无法满足故障现场

低压配网电力抢修车创新成果——快速遥控升降架

照明需求，需要回单位拉汽油发电机和高杆灯来提供照明的问题；车上的折叠书写小桌板可用来现场填写抢修工作票，夜间可打来LED照明灯提供照明；特别是研制的遥控抢修梯升降装置，只需要按一下遥控器，梯子可自动下降送到抢修人员面前，提供高效安全的作业保障，装车时，按一下遥控器，梯子上升到车顶复位，可快速而且牢固地装载梯子。整个过程完全可由一人完成，简单安全，且省时省力，遇有行驶中机构松脱或梯子未完全复位，只要松开1厘米，车内立即发出声光报警，提醒注意检查梯子状态。通过抢修车改造，做到事故抢修快速响应，实现抢修工作规范、高效、安全、经济。

🔗 成果应用推广情况
★★★★★

国网义乌市供电公司研制的低压配网抢修车，适合在电力系统基层供电（站）所范围铺开推广，应用改装后的快速响应故障抢修车，将故障抢修的折返率由原来的52.6%降到2.1%；城市平均故障抢修时间缩短30分钟，山村平均故障抢修时间缩短1小时，抢修平均耗时从103.1分钟下降到74.6分钟，年均缩短抢修时间达1080小时，有效地实现故障的快速修复，提高供电可靠性，减少居民停电时间，减少故障停电对群众生产生活的影响，提升优质服务水平。

GIS气室微水超标处理关键工艺及装置

国网新疆电力有限公司超高压分公司

主创人：左稳

参与人：黄志强、李洪渊、黄经纬、卢金宝、单德帅

成果简介

　　本项目针对现有GIS设备SF$_6$微水超标现场处理工艺存在频繁拆卸管路、处理过程无在线监测等多项不足，重点开展了六个方面的研究。一是研究分析超高压GIS设备气室微水的主要来源，确定GIS设备气室微水超标的源头，为后期GIS设备气室微水超标处理提供理论依据和指导；二是研究符合现场的检修操作规范和相关行业标准，在不影响GIS设备整体结构设计和正常运行的基础上，设计合理的GIS设备气室微水超标现场加热处理工艺；三是计算GIS设备在加热情况下的温升结果，验证加热处理工艺的可行性。针对加热模块的功率进行优化设计，得到不同设备气室加热模块的最优加热功率；四是针对GIS微水超标加热处理设计成型模拟罐和加热模块，得到在不同气体介质时模拟罐及加热装置加热后的稳态温升；五是开发设计一款超高压GIS设备现场检修工艺的研究和应用软件，方便现场微水检测设备和检测结果的判定；六是研制GIS气室微水超标处理装置，并成功进行现场应用，验证了微水含量超标处理工艺的可行性，该装置将微水超标处理工艺（包括加热循环氮洗工艺环节）融合在控制系统中，且对现有零散单元进行集成后可实现智能化控制，大大提升了作业质量和效率。

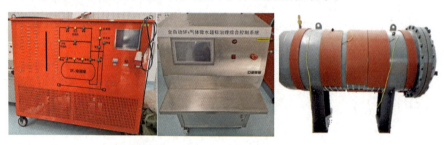

GIS气室微水超标智能处理装置实物图

成果创新点

★★★★★

本成果提出了一种GIS气室微水超标循环氮洗加热干燥处理工艺，研制了一种GIS气室微水超标智能处理装置，装置通过管路将微水处理所需五大组成部分进行相互连接，依托微水超标处理工艺流程，通过PLC自动控制，实现处理过程智能化。

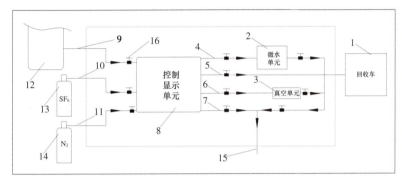

装置结构图

附图标记说明：

1—回收车，2—微水单元，3—真空单元，4—微水检测管路，5—六氟化硫回收管路，6—抽真空管路，7—氮气排放管路，8—控制显示单元，9—主管路，10—六氟化硫充入管路，11—氮气充入管路，12—GIS气室，13—六氟化硫气瓶，14—氮气气瓶，15—排空管路，16—电磁阀。

GIS气室微水超标智能处理装置结构图

成果应用推广情况

★★★★★

GIS气室微水超标处理装置已在新疆750千伏达坂城变电站、750千伏亚中变电站及山西兴县500千伏变电站应用，反馈效果良好。同时，受到了GIS制造厂商河南平高电气有限公司的认可，已累计节支183万元。

设备状态趋势分析预警系统

国网湖南省电力有限公司水电分公司

主创人：钟士平

参与人：梁庆、吴智强、岳奕作、黄扬文、尹森、蒋震东

成果简介

　　传统发电厂监控系统的设备故障报警主要以越限报警为主，存在报警时间晚的缺点，不具备故障的提前预警能力。设备运行状态从正常到越限报警往往已持续了一段时间和过程，这很可能已经产生了不良的影响和后果，导致设备停运及设备损坏之类的事故时有发生，因而长期影响着设备和电网的安全稳定运行。对设备运行状态变化的长期跟踪，目前完全依靠人工进行大量繁琐的数据查询、分析、对比来完成，效果差强人意。随着国网数字化建设要求以及智能水电厂建设的推广和应用，远方设备集中监控的规模越来越大、值班人员会逐步减少，对远程监视能力和故障处置效率提出了更高的要求，原有监控系统的事后报警模式已不能满足现场设备安全运行的要求。因此，需要一种能对设备工况变化趋势进行实时、长期的跟踪分析，全面感知设备运行状态，并在其发生异常的早期进行预警的系统，使现场设备的故障或异常被发现和处置在萌芽之中，以此减少重大设备事故，缩短设备异常运行时间，提高设备安全稳定运行基础和设备完好率。而设备运行的趋势分析与早期预警亦成为近期国内外研究的热点。

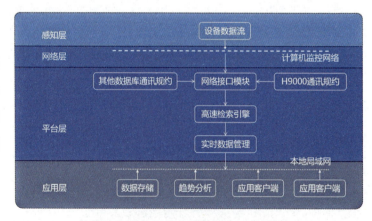

设备状态趋势分析预警系统——构建模型

💡 成果创新点
★★★★

　　本成果利用人工智能及大数据技术，建立设备状态分析模型，全面感知设备运行状态；通过系统模型自主训练，自动转入应用模式，从而减少误预警率及系统后期运维工作量；自主开发实时高速数据检索引擎，使系统实时数据吞吐量满足大型应用场景及后期系统应用的扩展；应用趋势分析，提示设备可能的故障原因，使故障异常处理更具有逻辑和效率，提高设备的安全运行基础。

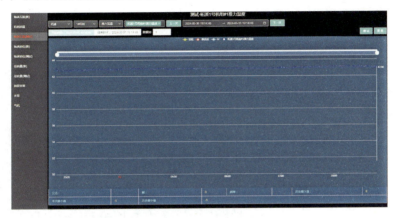

设备状态趋势分析预警系统——运行画面

🔗 成果应用推广情况
★★★★

　　本成果分别在国网湖南省电力有限公司水电分公司、国网江西省电力有限公司柘林水电厂、国网新源水电有限公司新安江水力发电厂等水电厂应用，多次成功避免了机组因低油压事故等故障造成的非计划停机，有效提高设备的使用寿命，提高供电可靠性。

耐张合成绝缘子出线平梯

国网浙江省电力有限公司湖州供电公司

主创人： 缪正

参与人： 刘平平、丁瀚、李响、俞强、吴松、李龙

成果简介

★★★★★

架空输电线路出线平梯是停电作业时的一种重要的工器具。目前，输电线路上耐张杆塔上多采用合成绝缘子，作业人员从杆塔到导线作业时因合成绝缘子严禁踩踏，导致作业人员无法通过绝缘子到达导线上作业，而现有平梯存在操作不方便、需要大量人员协助安装并存在一定安全风险的问题。

耐张合成绝缘子出线平梯研制固定收放装置

新式平梯将平梯与杆塔的连接方式由原来的绳索绑扎式改为钢丝套锁扣式，并加装收放调节装置。作业人员利用收放调节装置使平梯固定于塔身、调节平梯后端部的高低，使得平梯前后接近于同一个高度。

新式平梯加装带有刹车的移动座椅，将出梯方式由原来的"爬出式"改为"平移式"。平梯安装平稳后，作业人员通过缓慢滑动座椅到达合适的作业位置。通过松、紧刹车装置的调节螺栓来控制移动座椅滑动的速度，也可以利用刹车装置将座椅固定在平梯的任何位置，完成线路检修作业，提高工作效率。作业人员坐在移动座椅上移动可以避免平梯的剧烈晃动，从而避免作业人员从平梯上跌落的风险，大大提高了平梯作业的安全性。

成果创新点

（1）绳索收紧装置可以收紧多余绳索，使平梯平稳快捷固定塔身。

（2）移动座椅固定于平梯上，作业人员可以通过移动座椅滑动到作业位置。

（3）刹车装置可以通过松、紧调节螺栓控制刹车的松紧，控制滑动速度，作业时固定移动座椅。

耐张合成绝缘子出线平梯研制现场使用照片

成果应用推广情况

本项目实施后，因为耐张合成绝缘子出线平梯装有收紧装置，操作方便，使梯子牢牢固定于塔身。作业人员坐在移动座椅上，打好安全带即可轻松滑动到作业位置，省时省力。本产品从2018年1月开始在输电线路上进行了现场试用，彻底解决了耐张合成绝缘子出线问题，降低了劳动强度，提高了工作效率，大大减小了事故的发生概率，保障了工作人员的安全。目前该产品已经在国网湖州供电公司应用。

高温室效应气体六氟化硫减排技术

国网江苏省电力有限公司

主创人：张晓琴

📋 成果简介

★★★★

    电力能源是国民经济发展的命脉，六氟化硫（SF_6）气体以其独有的灭弧特性和优异的绝缘强度，成为国内外电力设备安全运行不可或缺的保护屏障。然而，SF_6温室效应是二氧化碳的23500倍，受限于检测、回收、监控的技术瓶颈，SF_6不可避免地向大气中排放。40多年来，全球空气中SF_6含量已上升1000倍。以先进技术高效治理SF_6排放，是解决用电需求与生态保护间矛盾的关键之策。目前国内外SF_6减排存在以下难题：检测精度不足，大量存疑气体弃用；回收技术存在瓶颈，无法应收尽收；过程监测手段缺失，无法全链全管。

    本项目依托中华全国总工会项目资助，发明SF_6气体精准检测、高效回收、数字化监测技术，形成SF_6从使用、回收到循环再利用全过程的工艺方法及7套装置，全面促进了SF_6减排。

    成果获授权发明专利11项、实用新型专利8项，登记软件著作权2项，5项发明专利进入实审，发表论文4篇。牵头编制国家标准1项，制修订电力行业标准4项。经中国电机工程学会鉴定，整体技术居国际领先水平。

SF_6气体质量一体化检测装置

 成果创新点

★★★★★

（1）首创SF_6全品类杂质指标现场自动化分析技术，检测效率提升27倍，检测平均误差小于3%。

（2）发明SF_6循环洗脱正压高效回收技术，回收率由96.5%提升至99.8%。

（3）发明SF_6全链条品质、重量、去向等动态追踪技术，填补各环节排放漏洞。

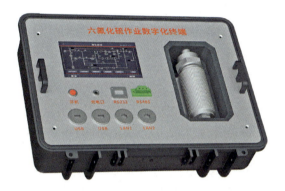

SF_6作业数据实时采集数字化终端

成果应用推广情况

★★★★★

本成果已应用于世界首个特高压跨江输电管廊、特高压混合直流（白鹤滩入苏）工程、亚洲首个海上风电柔直工程等18个国家重点工程，保障工程建设进度及电网设备安全，并在全国能源行业广泛应用。近三年，带动气体生产、仪器制造、技术服务等产业链发展，创造经济效益2.93亿元；减少SF_6排放23.8吨，相当于减排二氧化碳气体55.93万吨。此外，还推广至瑞士、新加坡、韩国等11个国家，助力全球"双碳"目标落实，让中国一线职工发明创造走向世界。

输电线路封网作业智能一体机

国网河北省电力有限公司邯郸供电分公司

主创人：朱劲雷

参与人：马利群、段志国、路瑶、李晓清、王邯生、赵维和、张宵龙、龚自涛、
马志恒、马建巍

成果简介

输电线路封网作业功能智能一体机可替代人力出线作业、辅助封网，同时具备在线监测、压力检测、异物入侵识别及清除、违章识别、装置故障互为救援、环境气象及恶劣天气告警等功能，还具有人员救援、物料传递等功能，从而消除了人身伤亡及设备损坏的潜在风险，节约了大量的人力、物力及占地费用，并且可在较短的时间内完成封网跨越等工作，有效地缩短了施工时间，可应用于输电线路更换导线与地线、新建线路、线路扩建、线路大修等施工作业。

输电线路封网作业智能一体机现已在各供电公司输电管理部门、施工单位作业中应用，极大增加了施工的安全性和可靠性，有效地缩短了线路的导线与地线更换、新建线路架设等工程作业周期，产生了巨大的经济效益。

输电线路封网作业智能一体机

💡 成果创新点

（1）国内首创输电线路封网作业车，实现了自动化封网作业新模式。

（2）提出输电线路封网施工新技术，突破传统封网作业方法局限性。

（3）开发多功能作业机器人控制系统，实现机械封网作业智能化自动化。

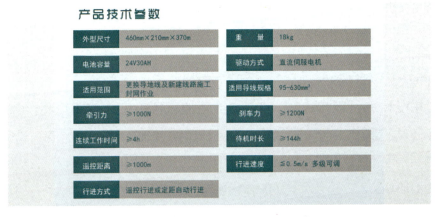

产品技术参数

外型尺寸	460mm×210mm×370mm	重 量	18kg
电池容量	24V30AH	驱动方式	直流伺服电机
适用范围	更换导地线及新建线路施工封网作业	适用导线规格	95~630mm²
牵引力	≥1000N	刹车力	≥1200N
连续工作时间	≥4h	待机时长	≥144h
遥控距离	≥1000m	行进速度	≤0.5m/s 多级可调
行进方式	遥控行进或定距自动行进		

输电线路封网作业智能一体机技术参数

🔗 成果应用推广情况

　　输电线路封网作业智能一体机先后应用于邯郸、邢台、石家庄、衡水、山东、山西等地区的输电线路工程，应用范围涵盖大修技改、基建、用户迁改等导线与地线的更换、导线展放等工作。使用输电线路封网作业智能一体机工作相比人工出线作业，时间由1小时缩短至10分钟，相比搭设跨越架作业，平均每次作业减少施工成本20万元，减少青苗赔偿5万元，减少交通管理费5万元，极大降低作业成本。使用本设备后，仅邯郸电网每年节约成本420余万元，在全国范围推广后预计每年可创造经济效益20亿元。

变压器典型局部放电信号模拟装置

国网山东省电力公司超高压公司

主创人：冯新岩

参与人：赵廷志、孙佑飞、王晓亮、史伟波、李承振、王文森

📋 成果简介

★★★★

特高压技术作为"大国重器""中国名片"，是全球最先进的输电技术，特高压电网的安全运行对于整个电网至关重要，运行经验表明，局部放电是导致特高压设备故障的主要问题。通过局部放电监测与诊断，实现特高压设备故障的及时发现、主动保护，具有极其重要的意义。

目前，世界上特高压设备局部放电监测与诊断面临三大难题：一是特高压变电站干扰强、局部放电信号弱，导致检测结果准确性低、无法有效定位放电源。二是特高压设备局部放电故障发展速度快，人工带电检测发现难度大、作业危险系数高，仅靠带电检测难以精准掌握设备状态。三是局部放电在线监测装置投运后缺少检验的方法及工具，无法定期检验、确保监测装置的可靠性。

本成果创新了局部放电智能监测和远程诊断技术，完成智能型在线监测装置及远程诊断系统的研发、测试及应用，世界范围内首创性地形成了"特高压设备局部放电智能监测预警+远程诊断+人工带电检测精准诊断"的完整技术体系，解决了一系列特高压带电检测技术难题。

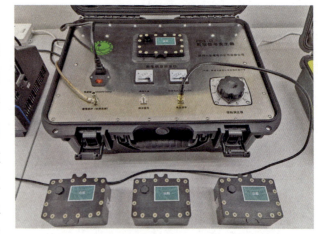

变压器典型局部放电信号模拟装置

变压器局放信号发生器

💡 成果创新点
★★★★

（1）首创多传感融合的带电检测方法及工器具，将带电检测定位准确率提升至近100%，局放定位误差小于10厘米。

（2）创新局部放电智能监测和远程诊断技术及装置，将远程诊断干扰信号自动排除率提高至95%以上，自动定位误差小于50厘米，异常响应时间由平均7小时降至0.5小时，远程诊断准确性达到人工带电检测水平。

（3）首创变压器局部放电综合监测装置现场检验方法及工器具，研制出世界首台变压器局部放电信号模拟装置，解决了变压器局部放电综合监测装置运行中定期检验难题，将综合监测装置放电识别准确性提升至90%。

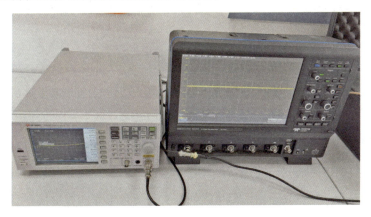

变压器典型局部放电信号模拟装置信号分析处理器

📲 成果应用推广情况
★★★★

目前，本成果已在山东、安徽、内蒙古等20余个省份以及巴基斯坦等国内外特、超高压电网进行了规模化应用，并推广到发电、化工等其他行业。通过应用本成果，已成功检测出特高压设备局部放电缺陷20余次，产生经济效益超过30亿元。

成果中很多技术要点和创新工器具都是世界范围内的首创性成果，且已广泛应用于特高压这个国家重点领域，在服务经济社会发展、"一带一路"倡议和实现"碳达峰、碳中和"国家战略等方面取得突出的社会效益。

配网带电作业智能装备

国网天津市电力公司滨海供电分公司

主创人：张黎明

参与人：胡益菲、袁霜晨、白玉苓、翟世雄、高菲

📋 成果简介

配网带电作业是提高供电可靠性、提升电力服务水平、改善电力营商环境的重要手段，传统的带电作业采用人工作业方式，存在安全风险高、工作强度大、工作质量参差不齐等问题。

针对上述问题，张黎明带领创新团队明确保障一线工人人身安全、提高工作效率的创新方向，以一线工作经验为创新基础，借鉴机器人先进技术，自主攻关再创新，攻克了精准定位、自主规划、智能控制、安全防护4项关键技术，历经四次迭代升级，成功研制出以更加精准、轻巧的电动机械臂为主体和13类末端作业工具组为辅的成套智能装备。成果可实现接引流线、安装接地环等多种带电作业，有效减轻一线工人的劳动强度，保证人身安全，并提高电网供电可靠性，实现了带电作业智能化升级。

本成果授权专利35项，其中发明专利20项，发表论文7篇，参与制定行业标准1项，并发布了该领域首个IEEE国际标准，填补了相关领域国际标准空白。成果经中科院院士陈维江等专家鉴定，整体技术达到国际领先水平。《天津市科技创新"十四五"规划》指出，本成果是"十三五"以来具有代表性的原创标志性成果。

带电作业机器人使用接线末端工具进行搭火作业

💡 成果创新点

（1）首创以电动机械臂为主体的作业模式，提出模块化设计方法，比传统机械装备体积减少1/3、重量减少2/3。

（2）设计13种系列化末端作业工具，可完成多种带电作业项目。

（3）发明光电、电位感知多线径自适应技术，实现50~240平方毫米线径无损剥线精细操作。

（4）提出"体—臂—腕"三重绝缘防护技术，发明双层绝缘和槽式叠接结构以及改性石墨烯轻薄屏蔽材料，攻克了绝缘、电磁兼容、通信故障难题。

"黎明牌"配网带电作业机器人

🔗 成果应用推广情况

本成果实现了带电作业智能装备全自主带电作业，对提高供电可靠性、提升电力服务水平、改善电力营商环境具有重要的支撑作用；有力推动了带电作业领域技术进步，带动了国内带电作业智能装备大规模推广；依托本成果，在滨海新区成立机器人公司，建立了研发和生产基地，全面实现产业化，有效促进了天津市智能制造产业发展。

截至目前，本成果已在全国23个省份推广，开展接引流线、安装接地环等带电作业6.2万次，降低了12万人次的人身安全风险，受到了央视、新华社等中央媒体广泛宣传报道。

高压断路器智能检测及安全防护关键技术

国网浙江省电力有限公司嘉兴供电公司

主创人：周刚

参与人：戚中译、李锐锋、盛鹏飞、蔡亚楠、许路广、汤晓石

成果简介

断路器是电力系统中唯一具有开断电流功能的电力设备，断路器故障将导致短路等局部故障无法正确切除，造成事故扩大。检测试验是判断断路器健康状态的主要途径，传统断路器试验存在一次检测试验正确率低、试验过程被动、防护安全风险大、检测试验人工依赖性强、自动化智能化程度低、检测耗时长等难题。

本成果围绕断路器检测自动化、高精度和主动安全防护开展技术攻关，发明基于领域相似样本极限学习的数据清洗技术，构建循环迭代的检测样本在线—离线综合精炼方法，创新基于机器学习的断路器高精检测技术，一次试验正确率提升至99.8%；发明动态防护技术阻断人因风险，提出电气及机械双重闭锁防误策略，试验接地安全感知技术保障接地情况闭环反馈，突破检测试验系列安全防护难题；研制一体化高压断路器智能检测系统，检测效率提升10倍，检测步骤由原来的17步缩短至3步。

本成果多项技术指标达到国际先进水平，项目已授权发明专利35项，发布电力行业标准2项，出版专著1本。

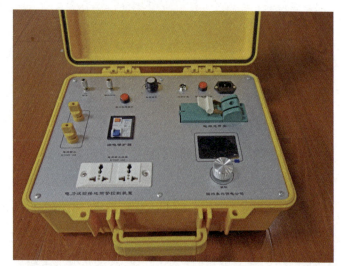

检修试验接地智能预警装置

 成果创新点

构建多维健康状态指标、故障诊断多元分类器模型，实现高精检测技术；发明动态防护、双重闭锁防误和试验接地安全感知技术，实现主动安全防护；研制一体化高压断路器智能检测系统，实现一键全真检测、"自"能诊断。

现场典型实际应用

成果应用推广情况

本成果经韩英铎院士领衔的中电联鉴定委员会鉴定：项目成果整体达到国际先进水平，其中在高压开关柜用断路器现场检测方面达到国际领先水平，同意通过科技成果鉴定，建议进一步推广应用。

2019年，成果首次应用于国网嘉兴供电公司，应用以来实现经济效益30911.8万元，目前已列入国网浙江电力推广目录，已在公司全面应用，并成功转化进入产业化阶段，同时成果已成功推广至浙江、江苏、湖南、四川等多个省份进行工程应用，并外延至化工、轨道交通等行业。

管廊电缆状态感知与智能评估预警平台

国网河北省电力有限公司石家庄供电分公司

主创人：郭康

参与人：赵宁、陈楷、王永朝、陈磊、李乾、王思莹

📋 成果简介
★★★★

管廊电缆已高速发展近20年，逐步进入"老龄化"阶段，主要面临以下难题：一是基础数据管理难；二是运行状态精确采集、动态感知难；三是状态研判难。大面积停电安全风险始终存在，国内多个城市均发生此类灾难性的大停电事故。如何通过预判、预警、预控，提升管廊电缆智能运维水平，保证供电可靠性，提高城市能源安全保障，已成为电力行业亟须解决的问题。

针对以上难题，项目团队围绕电力管廊安全运维共性技术难题，以实现管廊电力电缆多状态感知的智能化主动运维为目的，综合利用人工智能技术、物联网技术、三维GIS技术和大数据处理技术，开展课题攻关，提出了提升数据集约管理、设备状态全面管控、设备全寿命状态评估的技术路线，先后研发了城市电缆管网信息图、电缆状态集中监测平台等成果，经过多年迭代最终形成了管廊电缆状态感知与智能评估预警平台。实现管廊电缆故障及时发现、准确定位、快速处置。

管廊电缆状态感知与智能评估预警平台数字孪生

💡 成果创新点
★★★★

（1）图数一体化，提出电缆管网模型的动态生成方法，实现设备信息一眼穿透。

（2）信息全覆盖，创新智能化监测、检测方法，实现设备状态全息感知。

（3）状态全管控，开发三维数字化电缆状态感知与智能评估预警平台，实现电缆智能预警评估。

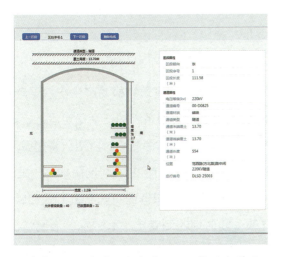

管廊电缆状态感知与智能评估预警平台界面　　　　智能巡检机器人

🔗 成果应用推广情况
★★★★

相关产品通过第三方权威机构检测，通过成果转化、销售成品等方式，在河北、甘肃、山东、山西等多家电网企业进行推广。项目应用于管廊电缆基础信息管理、设备状态感知、智能预警评估等方面，可有效预判管廊电缆潜在隐患，精准研判管廊电缆运行风险，极大提高了管廊电缆运维管理能力，减少了因管廊电力电缆故障带来的停电事故，通过减少停电事故次数和缩短用户停电时间，增强供电可靠性，提升人民群众的满意度，提高城市能源安全保障，确保社会稳定、财产安全。

基于 AI 的变电站智能防汛监控系统

国网冀北电力有限公司唐山供电公司

主创人：李征

参与人：宋则宇、陈雷雨、于海峰、陈学伟、孙鑫、王伟

成果简介

　　随着变（配）电站运行年限增加，老旧变电站的建筑物极易产生防水层老化问题，在夏季汛期易引发站内积水、渗漏情况，严重威胁电力系统的安全稳定运行。本成果满足国网新一代智慧变电站对变（配）电站厂房雨（水）渗漏实时监测、掌握微环境气象数据、设备主动防水保护等防汛要求，并实现实时自动控制、智能防护。一是采用 360 度远距离窄平面微波雷达传感技术。利用微波雷达传感器的特殊布置方式和软件算法，消除飞虫或其他异物干扰，精确、灵敏、实时地监测变电站雨（水）渗漏情况。二是采用基于机器视觉和深度学习技术的雨水渗漏红外成像识别算法。精准识别雨水渗漏情况，可靠替代人工实时判别屋顶潮湿及雨（水）滴落情况。三是采用电缆层和电缆通道渗漏监测及预警技术。利用微波雷达传感器穿透技术，预警和监测电缆层及电缆沟道雨（水）渗漏情况。四是采用变电站室内外微环境监测及天气预警技术。实时获取变电站室内温度、湿度和室外风速、风向、雨（雪）量、雷电等微环境信息，并提供变电站所在地的精确天气预警，为事故、异常处理提供决策依据。

基于 AI 的变电站智能防汛监控系统——成果各部分应用实拍

💡 成果创新点

（1）创新研发专用于防渗漏雨（水）的微波雷达传感器。

（2）创新研发了厂区防倒灌装置。

（3）创新电气设备防水主动保护措施。

（4）创新开发变电站区域天气预警。

基于 AI 技术的变电站智能防汛监控系统——功能及创新点

🔗 成果应用推广情况

　　本成果在国网冀北电力有限公司多家变电站推广应用，项目成果现场应用表明，系统运行稳定可靠，有效提升变电运维智能化和精益化管理水平，减少运维成本，提高电网安全运行水平，填补了变电站自动防汛监控及防护措施的技术空白。同时能够为变电站事故、异常处理和精准运维提供参考依据，具有较大推广价值。

面向分布式源荷的无线控制关键技术

国网山东省电力公司济南供电公司

主创人：李莉

参与人：胥明凯、秦昌龙、贾玉健、陶琪、阚常涛、戚岩

成果简介

由于电能无法被大量存储，需要实时满足发电与用电平衡。在服务国家"双碳"目标，推进构建以新能源为主体的新型电力系统进程中，山东新能源装机量快速增长。截至2022年年底，山东新能源装机占全省总装机的41.5%。新能源发电功率随机波动性强，给新能源消纳和电力平衡带来了极大困难，也给山东电网带来了极大挑战。为此山东电网积极探索"源网荷储"协同运行新型电力系统建设，新能源消纳率已经达到全国领先水平，但仍有不足，仅2018年山东电网弃风弃光就超过3亿千瓦时。

国网济南供电公司针对目前电网灵活调节资源不足、分布式源荷控制手段落后、电网电力电量平衡困难等挑战，开发面向分布式源荷的无线控制关键技术及应用，旨在提升分布式源荷的可观可测可调可控能力，使分布式光伏、储能系统、可控负荷、电动汽车等资源更加有效地参与电网调节与控制，增强电网功率平衡能力。

5G厂站多合一智能终端

本项目成果创新应用5G切片和容器化技术，研制出高集成度、低成本的5G多合一智能终端，提出预测决策一体化的风光储协同控制方法，开发出分布式源荷分层分区调度系统，破解高渗透率分布式源荷的监视与控制难题。

成果现场应用照片

💡 成果创新点

★★★★

（1）研制了面向分布式源荷的5G多合一智能控制终端。

（2）研发了调度自动化无线通信故障定位系统。

（3）研发了分布式源荷分层分区调度控制系统。

（4）提出了预测决策一体化的风光储协同控制方法。

（5）提出了含储热罐的冷热电联产系统优化控制技术。

5G 多合一终端工作原理示意图

🔗 成果应用推广情况

★★★★

　　本成果在国家电投鲁西分公司的郑路国投、庆云常家等9座风光新能源场站应用，分别平均降低弃风率、弃光率15%、12%，增加售电收入3030.64万元。成果整体技术在国网济南供电公司应用，实现分布式场站无线通信接入调度网、通信故障可视化，将自动化系统故障处理时间从2小时减至30分钟，使得电网负荷、新能源4小时超短期平均预测精度分别超99%、93%。目前，本成果已推广应用至山东、江苏等省市电网470余座新能源场站，累计新增新能源消纳电量超过1.67亿千瓦时，减少碳排放22.23万吨，节省设备投资1.27亿元，产生经济效益达2.69亿元，经济社会效益显著。

物联终端安全实时监控装置

国网湖南省电力有限公司信息通信分公司

主创人：孙毅臻

参与人：田峥、田建伟、朱宏宇、林海、眭建新、蔡凌、杨芳僚

📄 成果简介
★★★★

当前电力物联终端设备大量分散在无人值守的环境下，极易被黑客利用，进而突破现有隔离体系渗透到公司核心网络，造成业务停运、数据泄露、控制指令篡改等事故。现有安全措施无法满足新型电力系统建设背景下大量增长、形态多样、交互频繁的物联终端安全接入需求。

针对上述问题，项目团队通过开展物联安全防护技术攻关，突破软硬件国产化自主可控、终端无代理发现与智能识别、业务行为自学习与白名单过滤、终端状态感知和可视化核心技术，相关研究成果达到国际领先水平。相比于传统技术，本成果对业务透明、部署维护方便、核心自主可控、监测识别准确，在提升安全水平的同时，平均每台终端投入网络安全防护成本降低96.5%。成果已形成成熟网络安全产品，在国网湖南电力全面应用，为输电线路监测装置、地下管廊、变电站智能巡检、智慧综合能源等场景提供安全可靠的物联接入保障，并在国网系统其他单位以及发电企业、交通运输、石化等行业应用，销售额574.5万元。成果自投入应用以来，监测攻击行为2000余起并成功阻断，确保了湖南电力物联安全零事故发生。

物联终端安全实时监控装置

💡 成果创新点

★★★★★

（1）基于国产化软硬件适配开发，确保网络安全自主可控。

（2）提出无代理终端指纹探测技术，突破网络终端快速发现和轻量认证的技术难题。

（3）突破传统基于五元组的安全防护策略，提出基于机器学习的异常行为监测和过滤。

（4）实现终端状态感知和可视化，确保全网终端资产和网络态势的可视、可管、可控。

物联终端安全管控平台

🔗 成果应用推广情况

★★★★★

本成果已在电力行业推广应用。在输电领域，成果已应用于输电线路监测装置、三跨摄像头、地下管廊、无人机巡检等场景，实现湖南省7类40000余个终端的安全可靠接入；在变电领域，成果为变电站巡检机器人等智能终端接入变电站内网提供安全保障；在基建领域，成果已应用于智能头盔、安全帽、视频监控等3类3000个终端的安全接入，为基建现场终端安全提供支撑；在综合能源领域，成果已应用在智慧园区、智慧配电房场景。此外，成果还应用于小水电、智能检测设备接入等场景。

电网大载重多旋翼无人机关键技术

国网辽宁省电力有限公司辽阳供电公司

主创人：刘东兴

参与人：苗中杰、朱金旭、闵杰、赵笑东、申延超、王莹、宋丽、胡茂坤

📋 成果简介

本成果的产生背景源于电网运维作业中存在的技术空白，特别是在大载重远距离运输、高空防腐处理、应急照明和高压输电线路悬挂物处理等方面，为了提高作业效率、效果，并保障人员安全，亟须无人机技术在这些领域的应用和创新。

技术方案及原理主要围绕大载重多旋翼无人机及其配套装置的研制，包括机体材质、机械结构、动力装置和辅助作业模块的创新设计。

理论依据涉及流体力学、材料科学、控制工程和电力工程等多个学科，确保无人机在电网环境中的稳定性、安全性和高效性。

实施步骤包括：需求分析与技术规划，明确无人机在电网运维中的具体应用场景。关键技术研发，包括机体设计、动力系统优化和作业模块开发。原型机制造和地面测试，验证设计的有效性和安全性。飞行试验和功能验证，确保无人机在实际电网环境中的性能。系统优化和完善，根据测试反馈调整设计，提升系统稳定性和可靠性。推广应用，将技术成果应用于电网运维作业中，形成标准化操作流程。

大载重无人机辅助作业

成果创新性体现在无人机的大载重运输能力、高空作业自动化以及多场景适应性，可操作性则通过实际飞行测试和现场作业验证，确保了技术的实用性和推广价值。

成果创新点

★★★★★

（1）研制了50千克级大载重无人运输机。

（2）开发了机载避雷针高空除锈喷漆装置。

（3）研制了六旋翼无人机搭载的应急照明系统。

（4）设计了基于热熔切割的机载预热式导线带状悬挂物处理装置。

相较于同类技术，本成果在无人机的载重能力、飞行稳定性、特种作业自动化以及安全性方面实现了显著创新，提升了电网运维的效率和质量。

大载重无人机远程运输

成果应用推广情况

★★★★★

（1）生产建设经营活动中的推进作用。本项目成果已在国网辽宁电力全面应用，显著提升了电网运维的自动化和智能化水平，减少了对传统人工作业的依赖。

（2）解决问题的效果。通过无人机技术，有效解决了大载重远距离运输、高空防腐处理、夜间应急照明和高压输电线路悬挂物处理等电网运维中的难题，提高了作业的安全性和效率。

（3）经济效益。累计节约人工成本约1306.02万元，减少了停电时间，增加了售电收益，具有显著的经济效益。

（4）社会效益。提升了电力输电线路检修维护作业的技术水平，减轻了作业人员的劳动强度，降低了作业风险，推动了无人机技术在电力系统中的应用，具有良好的市场推广前景和社会认可度。

±1100千伏线路带电作业方法和工器具装备实用技术

国网河南省电力公司超高压公司

主创人：陶留海

成果简介

特高压输电线路作为电力能源传输主通道，带电作业属于保障特高压电网稳定运行的关键核心技术。±1100千伏吉泉线作为世界最高电压等级线路，与以往特高压带电作业相比，实践中存在的主要问题有：±1100千伏带电作业实用化技术欠缺，特别是缺乏进入等电位最优方式和实用化关键技术研究；适用于±1100千伏线路840千牛四联特大吨位绝缘子、1250平方毫米大直径八分裂导线等大吨位负荷转移的实用化带电作业工具处于空白；没有±1100千伏带电作业安全防护专用屏蔽服。上述问题影响甚至制约了±1100千伏线路带电作业的顺利开展。为了早日具备±1100千伏带电作业实际检修能力，保障世界首条±1100千伏吉泉线安全运行，开展±1100千伏带电作业实用化技术创新及应用工作紧急必要，具有重大意义。一是与中国电科院等单位合作，基于操作过电压和带电作业典型工况间隙放电特性，针对±1100千伏线路运行方式、塔身结构等开展带电作业安全性分析，提出进入等电位的最优进入方式，通过实践确认进入等电位操作工法。二是结合±1100千伏线路参数、大吨位绝缘子及金具结构，研究确定大吨位工器具技术参数，研制系列大吨位金属和绝缘工器具，解决±1100千伏线路带电作业大吨位负荷转移难题。三是研制出±1100千伏特高压专用屏蔽服，解决±1100千伏直流输电线路电场和强离子流电磁环境下作业人员安全防护难题。分类编制技术方案和作业指导书，实现典型项目作业方法和工器具配置的标准化，最终具备±1100千伏带电作业实用化技术能力。

世界首套±1100千伏输电线路带电作业专用屏蔽服进行等电位前电阻检测试验

成果创新点

（1）首次明确了±1100千伏特高压线路带电作业最优安全进出等电位方式，首次建立了±1100千伏线路带电作业典型操作工法体系。

（2）首次研制出840千牛特大吨位耐张绝缘子卡具等系列带电工器具，攻克了±1100千伏线路带电作业特大吨位负荷转移的难题。

（3）研制出世界首套±1100千伏特高压专用屏蔽服，确保了±1100千伏特高压直流输电线路电场和强离子流电磁环境下作业人员安全防护。

世界首次 ±1100 千伏输电线路电动升降装置进入等电位

成果应用推广情况

本项目成果达到了国际领先水平，填补了±1100千伏特高压直流线路带电作业实用化技术的空白，项目成果已纳入电力行业标准《特高压直流线路带电作业技术导则》（DL/T 1242—2022）和国家电网公司企业标准《±1100kV直流输电线路带电作业技术导则》（Q/GDW 11927—2018）中，为±1100千伏特高压直流输电线路带电作业实用化技术奠定了基础。本成果在2019年中国带电作业技术会议上做重大成果发布，相关成果曾获得全国职工优秀技术创新成果奖、中国电力科技创新成果一等奖、国家电网公司科技进步二等奖等奖项，成果工法和工器具已在河南、新疆、甘肃、宁夏±1100千伏沿线运维单位推广应用，对保障世界首条±1100千伏吉泉特高压直流线路安全稳定运行发挥重要作用，具有显著的社会效益和经济效益。

变电设备高寒运行诊断技术

国网吉林省电力有限公司电力科学研究院

主创人：赵春明

参与人：于群英、刘春博、杨代勇、杨晶莹、蒲全军、张赛鹏、翟冠强、李守学、
张瑜、司昌健

📋 成果简介

多年来全国冬季每年都会出现干式空心电抗器烧损、油浸式互感器绝缘故障、全光纤电流互感器测量数据异常、隔离开关分合不到位等情况，严重影响冬季电网安全可靠运行，因此团队开展四类变电设备的高寒运行诊断技术的职工创新与应用。项目研发的微裂纹探测及修复机器人，使高寒地区干式空心电抗器的包封缺陷检出率提升了50%；提出的基于功率因数变化的匝间短路判别方法，实现了对干式电抗器运行状态的实时监控；提出了一种油浸式互感器介损的温度正、负比率特性的定性判别方法及在低温范围内的介电频域谱和温度特性曲线的平移换算方法，实现了高寒下油浸式互感器的绝缘状态准确诊断；创新研发的具有自诊断功能的耐寒全光纤电流互感器，消除了高寒条件下测量出现的偏差和误报警等问题，并在通过型式试验后进行了挂网运行；发现了隔离开关关键材料机械特性随温度变化规律及低温对机构输出角度的影响规律，提出的隔离开关机构角度过盈调整方法，消除了低温导致隔离开关分合不到位的影响。

干式空心并联电抗器匝间绝缘在线监测装置

成果创新点

★★★★

（1）开发了干式空心电抗器微裂纹检测及修复成套装置和匝间绝缘（短路）监测装置。

（2）提出高寒条件下油浸式互感器绝缘状态评估和诊断技术。

（3）研制了具有故障自诊断功能的耐寒全光纤电流互感器及成套技术。

（4）提出了隔离开关机构角度过盈调整等低温运维方法。

干式空心并联电抗器微裂纹探测及修复装置

成果应用推广情况

★★★★

本项目系列成果已在吉林、黑龙江等4个省份的10家企业得到实际应用，使电力设备具备较好低温适应性，优化了变电设备的低温运维方式，大幅减少了故障频次，为迎峰度冬电力保供提供了有力支撑。同时，本成果有效保障了高寒地区清洁能源外送通道的安全性，为"双碳"落地提供坚强技术保障。近三年来，本成果实现新增营业收入7223.6万元，减少停电损失节支3270.5万元，经济效益和社会效益十分显著。

变压器成套检修试验技术

国网山西省电力公司晋城供电公司

主创人：孟承向

参与人：田海波、宋彦兵、张庆华、何云波、李刚、闫姗姗

📋 成果简介

　　近年来，变压器综合检修工作面临多重挑战：高空频繁接线换线，劳动强度大且易损线材；频繁更换接线不仅低效，还增大了高空作业风险与触电危险；试验线插头繁多，易错接漏接，危及安全；且接线质量难以预判，问题发现后需重接，加重工作负担。注放油与抽真空环节，多设备接口不一，软管连接复杂，插拔困难，易漏油漏气，影响检修进度与工艺。为解决这些问题，创新团队进行了一系列技术创新，如集成式电气试验转接装置简化高空作业，试验前通断检测回路预防错漏接，电动升降收放线装置提升效率，快速接头简化管路连接，以及新型吸湿器便捷更换硅胶。这些创新成果有效解决了实际工作中的诸多困难，推动了变压器检修工作的现代化与高效化。

电气试验成套转接装置应用

成果创新点

（1）研发了集成式电气试验转接装置，实现高空接线换线工作转至地面简单切换进行。

（2）首创提出试验前先检测试验接线通断检测回路新方案，设计发明了一种试验前接线通断检测回路。

（3）研发了电动升降收放线装置，实现了安全平稳、灵活高效的电动收放线功能。

（4）研发了注放油系列快速接头，实现了不同设备注放油快速连接功能。

（5）发明了新型变压器吸湿器，实现了不用工具即可快速更换受潮的硅胶，而且方便硅胶回收干燥再利用。

变压器注放油技术应用

成果应用推广情况

本成果在变电站综合检修试验现场上应用后，极大地降低了安全风险、提高了工作效率，同时试验现场变得整齐规范，应用效果较传统方法优势明显。累计消除变压器设备绝缘、发热、渗漏隐患37起，减少人员作业740余人次，节约变压器停电时间830余小时。2022年，国网晋城供电公司220千伏、110千伏主变压器及其他设备实现零跳闸、零故障，安全生产指标位列国网山西电力第一名，节约主变压器停电时间关联贡献生产总值两千余万元。

基于遥控带电作业的输电线路线夹
快速分流发热消缺技术

国网陕西省电力有限公司宝鸡供电公司

主创人：周红亮
参与人：李宏军、董小刚、张利强、赵超、晁建辉、任小兵

📋 成果简介

近年来，我国经济迅速发展，电网负荷日益增大，在夏季或冬季输电线路大负荷运行时，由于连接金具松动或引流连接板中夹杂异物等原因，经常造成线路接点处局部电阻增大，导致接点发热。据统计，架空输电线路接点发热隐患占同级别输电线路安全隐患的比例高达20%。2019—2021年期间，国家电网公司输电线路共发生接点发热故障达2560次。若出现因接点发热导致引流线熔断的严重故障，不仅造成大面积停电事故，还将导致上亿元的国民经济损失。因此，一旦发生接点发热隐患，必须及时处理。

为了解决上述问题，项目团队综合分析了接点发热导致引流线熔断的治理措施，为保障电网稳定运行与作业人员人身安全，输电团队经过数年的潜心钻研和反复试验，研制了遥控分体式带电分流线夹。通过遥控带电作业的输电线路线夹快速分流发热消缺技术，有效解决了接点发热导致引流线熔断的隐患。

遥控分体式带电分流线夹

成果创新点

（1）采用定力矩电动扳手，能够实时检测线夹的锁紧力矩，当锁紧力矩到达额定值时，微控制器控制电机自动停止运转。

（2）采用线夹与电动扳手分体式设计，有效提高电动扳手利用率。

（3）采用遥控操作，控制电动扳手自动运转，实现锁紧、松开、脱扣的动作。

消缺现场加装分流装置

成果应用推广情况

本项目成果不仅在陕西地区35~330千伏重要输电线路上286处得到了广泛应用，还通过国网双创平台远销至国网宁德供电公司。2023年与国网智联电商有限公司签订了孵化合同，已在进行国内电力系统转化应用，项目近三年实现新增销售收入近1156万元，新增利润超2000万元。本成果社会、经济效益显著，填补了机器快速处理接点发热隐患技术的空白，在科技创新领域起到了引领作用。项目操作过程简单，能够将处理接点发热故障的时间由停电处理44小时缩短至带电处理10分钟，大幅度提高作业安全性，保障作业人员人身安全，降低作业人员劳动强度，安全高效处理输电线路接点发热故障，在现场应用中获得了高度评价，为保障电网安全稳定运行奠定了坚实的基础。

"智巡母舰"——基于前端指挥中心的输电线路多维多场景智能监控技术

国网宁夏电力有限公司超高压公司

主创人：黎炜

参与人：王晓平、摆存曦、马全林、刘青杨、杨炯、李波、张晓波、
康瑞、曹凯、李宁、白陆、胡建鑫

成果简介

　　国网宁夏超高压公司和宁夏超高压电力工程有限公司联合自主研发的全国首台全自动"无人机航母"，切实解决了架空输电线路自主巡检的工作壁垒。此"无人机航母"创新性设计了"翼"型飞行甲板，实现无人机集群起降。无人机仓的层叠结构设计，实现了无人机移动机场的自动充换电功能。搭载的自主知识产权输电智能管控平台，具备一键自主作业、气象预警、飞行实时监控、业务线上流转、数据高效交互、图像智能识别六大功能，可控制无人机根据任务排程逻辑实现不同任务、不同机型、不同数量无人机的自动放飞，实现了无人机巡检业务在线数字化管理，极大提升了巡检工作效率。

"无人机航母"

💡 成果创新点

（1）"翼"型飞行甲板，实现无人机集群起降。层叠结构设计可实现自主换机换电，使多机多任务巡检具备了实施硬件条件。

（2）无人机智慧管控系统，单人一键操作实现飞巡业务的自动化决策和隐患缺陷的智能化管理。

（3）多功能故障处置模块，采用模块化应用集成设计，具备远程监控、"黑飞"反制、带电检测、异物清除等功能，实现了多元化、多场景应用。

"无人机航母"的"翼"形飞行甲板

🔗 成果应用推广情况

本成果已同步深入开展输变电立体化巡检，目前已经实现国网宁夏电力750千伏及以上变电站智能巡视全覆盖。在"智巡母舰"投入使用后，线路巡检效率提升7.5倍；数据处理时效提升12倍；平均缺陷识别率从70%提升至90%。

本成果现阶段已完成成果转化，向宁夏电力系统提供相关技术服务及系统销售，实现经济产值2500余万元。

多品类配电设备自动检测系统

南瑞集团有限公司（国网电力科学研究院有限公司）

主创人：李永飞
参与人：钱辉敏、乐文静、汪华平、季超超、郝欢、穆青青

📄 成果简介

配电设备入网质量检测是抵御低质劣质配电设备进入电网的最后一道防线，受限于被检设备种类多且数量分散、重量大且非标准化等特点，常规"单一品类检测线"模式需建设多条不同产线，投入大且产线平均利用率低。

本成果针对多品类配电设备自动检测难题，在复杂对象自动接线、多元任务柔性检测、大规模多品类的电网设备检测试验管理方面开展了研究攻关，研制了自动接线机器人，实现配电变压器、柱上开关等设备检测自动接线，单一点位最大接线时长小于10秒；研制适用于19类设备、104类检测项目的柔性检测工位，实现单一工位在不同品类配电设备检测能力间的柔性变换，使单一试验装置的检测承载力提升50%；提出基于区块链技术的电网设备检测试验管理系统和方法，提高检测试验过程的公正性、安全性和管理水平。

项目成果广泛应用于全国132个物资质量检测中心、68个"检储配"一体化基地，促进配电一次设备检测能力快速发展，带动了电力设备检测等相关行业的技术进步、装备升级和产业发展。

基于数字孪生的电网物资柔性检测系统——智慧园区管控平台

💡 成果创新点

（1）首创面向复杂对象与工序的机器自动接线技术，国内外首次实现配电变压器、柱上开关等设备检测自动接线。

（2）发明适用于多元检测任务的柔性检测技术。

（3）提出基于区块链技术的电网设备检测试验管理系统和方法。

电网物资柔性检测中心

🔗 成果应用推广情况

项目研发的各类技术装备及系统已广泛应用于全国24个省（自治区、直辖市）的132个物资质量检测中心、68个"检储配"一体化基地工程，实现了设备检测灵活化、试验分析智能化、数据管理信息化、安全保障系统化、检测数据资产化，检测效率较传统模式提升300%以上。近三年累计新增销售额约9.1亿元，新增利润约1.8亿元，带来了良好的经济效益、管理效益和社会效益。

多功能变电设备检修试验移动平台

国网吉林省电力有限公司四平供电公司

主创人： 琚永安

参与人： 朱云皓、琚雯羽、孙永彬、谭文刚、杨雪

成果简介

　　变电站设备检修是综合而复杂的作业，包括部件更换、设备本体检查消缺、操作传动机构调整、缺陷处理、电气试验、设备清扫防腐等工作。所需的检修机械繁杂，需要起重、登高、临时电源、牵引、液压、焊接、切割、除锈、防腐等多种装备到场。

　　由于变电站设备密集，特别是目前状态检修都是按单元停电作业，临近带电设备很近，以往常规机械装备很难进入或施展，在有限的计划作业时间内，多个专业工种在同一单元作业很难同时进行，检修装备轮流倒换也窝工费时，造成工效低下，安全风险增加。造成此种情况的根本原因是目前市场常规装备无法满足变电站间隔密集场所检修作业条件，缺少一种体积小巧而功能多样的检修装备。

　　工欲善其事必先利其器！本成果以其微型化车身可灵活进入待检间隔；带起重微吊；带载人举升装置；带紧线绞盘，便于紧线提升；带液压工装，满足母排及角钢的折弯、切断、打孔加工，构支架改造，导线、引流端子的压接等；带发电机，满足全停现场检修需要；带空气压缩机，提供动力，可清除导电部位（如异形结构的刀闸触指、大电流接线端子等）的氧化膜，还可喷漆防腐；根据66千伏及以下变电设备间隔特点，本成果可以实现"一机到场检修全能"的目标，提高检修质量及工效，保障安全，提高供电可靠性。

车体采用橡胶钢丝履带液力驱动，踏板式操作，

液压伸缩支撑，配有高效发电机组

💡 成果创新点

本成果具有检修所必须的全部功能（起重、液压、举升、绞盘、发电、除锈、喷漆等功能），微型化车身方便进入密集的变电设备待检间隔，实现了"一机到场检修全能"的目标，全面提升了工作质效和安全性，是检修装备的变革。

起重微吊采用三节液压伸缩结构，最大回转角度270度，对地高度8米，满足间隔设备吊装需要

载人升降机分为单柱结构和双柱结构，液压升降，可以地面操作，也可以作业人员自行遥控操作

🔗 成果应用推广情况

2023年，本成果入选国家电网公司第二批职工运检业务创新成果转化项目。

2024年5月，本成果中标国家电网公司第二批创新成果转化产品采购。

基于震荡波技术的站用（配电）变压器便携式局放检测装置

国网新疆电力有限公司乌鲁木齐供电公司

主创人：董小顺

参与人：刘彪、柯振宇、朱亮亮

成果简介

　　为积极服务"一带一路"核心区建设，国网新疆电力通过构建"电力丝路"能源传输新格局，不断推动丝绸之路经济带核心区建设。变压器作为电力系统枢纽设备，在运行过程中，其内部绝缘在高场强的作用下发生局部放电，将造成变压器内各种元件和结构的绝缘劣化，缩短变压器使用寿命。现有局放检测手段，易受电源、接地以及各连接接触放电的干扰，重复工作多，劳动强度大，检测时间长。

　　本成果利用谐振电路的特点，使用电压较小的直流电源产生电压幅值较大的振荡波，将变压器原边与谐振电容并联，通过双向电力电子开关和限流电阻与直流电源串联，副边为高压测量端，接有电容分压器以及局部放电检测单元；通过智能分合开关形成衰减振荡波，在电磁耦合作用下，变压器副边产生高幅值振荡波电压；通过测量副边输出电压幅值以及超声波传感系统，利用降噪算法对采样数据进行筛选，精准识别局放信号，从而实现直流振荡波对变压器局部放电进行检测的现场化应用。

基于振荡波技术的站用（配电）变压器便携式局放检测装置

接线图

💡 成果创新点

★★★★

（1）首创LC串联电路结构，利用小型电源产生大电压幅值的振荡波，无需使用高压电源。

（2）提出了基于小波分解的局放信号降噪方法，可实现对采样数据的精准筛选、准确剔除。

（3）引入超声波传感系统，并通过对振荡波极性、驱动程序、限流电阻的创新设计，提升了该装置的节能性能和适应能力。

限流电阻

🔗 成果应用推广情况

★★★★

本项目自2015年启动，历时4年，于2018年完成整套装置的研制，其后在多家单位所辖变电站中投入局放检测工作，期间积累了生产、运行经验。应用情况表明本项目成果能够大幅缩短检测时长，解放劳动生产力，节约人工普测费用，并且能够有效发现变压器局部放电故障，减少因局放故障造成的停电事故所带来的经济损失，保障电网可靠运行，应用期间共节支总额81万元。

公司职工技术创新
优秀成果

±660千伏直流线路带电作业项目

国网山东省电力公司超高压公司

主创人：刘兴君、王进

参与人：卢刚、刘洪正、郑连勇、孟海磊、徐元超、韩正新

成果简介

带电作业能够在输电线路不停电的情况下实施检修，是保障电力持续供应的可靠手段。2011年3月投运的±660千伏银东线，世界首次采用±660千伏电压等级和4×1000平方毫米大截面导线等新技术，相关带电作业技术在世界范围内尚属空白，亟须配套的带电作业工法及工器具。以王进同志为代表的团队成员凭借多年带电作业经验和技术积累，围绕带电作业安全距离、安全防护、作业方式等关键技术，创新研制出系统的±660千伏带电作业工法和系列工器具，编制完成首个《±660kV直流输电线路带电作业技术导则》，突破了世界范围的技术禁区，科技成果达到国际领先水平。成果形成了系统的带电作业体系，树立了±660千伏带电作业标准工法典范，为±660千伏电压等级带电作业工作提供了成熟、可直接参照执行的标准体系。

±660千伏直流线路带电作业用屏蔽服

🔆 成果创新点
★★★★

计算得出在海拔2000米以下，作业人员在不同位置进行带电作业的最小安全距离，计算得到海拔2000米以下带电作业最小组合间隙，确定带电作业安全防护指标，研制出±660千伏直流输电线路带电作业专用工器具，编制世界首个《±660kV直流输电线路带电作业技术导则》。

液压丝杠工器具

🔗 成果应用推广情况
★★★★

本项目成果已在±660千伏银东线途径的宁夏、陕西、山西、河北、山东五省区推广应用。2010年1月至2013年12月，仅国网山东电力各单位应用本成果对±660千伏银东线实施54次带电作业，有效填补了±660千伏电压等级输电线路带电作业的空白。现已成功应用于巴基斯坦默拉直流项目。

500千伏倾斜杆塔扶正装置

国网山西省电力公司超高压变电分公司

主创人：王慧刚

参与人：张鑫、曹明德、王克晋、王瑞珏、康文杰、段星辉、赵文升

成果简介

　　山西作为全国产煤大省，采空区达2万平方千米，有近4800千米输电线路直接位于采空区。采空区塌陷容易导致线路基础变形、杆塔倾斜，造成线路故障跳闸，甚至发生倒塔断线事故。为了确保电网安全，国网山西超高压变电公司结合自身运维经验，大力开展自主创新，在公司系统内首创了500千伏倾斜杆塔扶正装置。

　　扶正装置将液压油缸布置在铁塔倾斜的两根塔腿主材两侧，角钢卡座装卡在铁塔倾斜侧两根主材角钢上，通过活节螺栓卡紧铁塔主材，将液压缸活塞杆与角钢卡座用螺栓联结在一起。液压泵站工作时，同时给四支液压油缸供油，驱动四支液压油缸同步动作，顶升铁塔倾斜一侧，从而实现在不停电情况下快速有效地对倾斜杆塔进行扶正。

　　采用该扶正装置对发生倾斜的铁塔原地扶正，无需拆旧塔、建新塔，无需重新开挖基础，且投入人力大大减少，施工时间大大缩短，无需线路停电，减少因线路停电带来的经济损失，有效降低因采空区导致的电网安全风险。

装置现场试验

成果创新点

装置的液压传动装置采用四泵液压伺服系统，可实现塔腿同步抬升；控制系统精度达到2毫米，采用10.9级的高强度螺栓，抗拉强度到达1000兆帕；整套装置填补了当时500千伏线路带电扶正手段的空白，适用于500千伏各类塔型扶正，顶升一支塔腿仅需2分钟，效率高，安全性强。

液压油缸和主材卡座安装图

成果应用推广情况

通过对比采用新装置前后作业人数、工期、效果等因素，作业人数可节省约60%，工期可缩短约70%。同时扶正装置的投运，有效应对采空区环境与电网安全之间的生产矛盾，极大减少了作业强度和作业时间，降低了电网和作业人员的安全风险，取得了较高的经济效益与社会效益，有效提升电网安全运行水平。

导线异物带电切除剪

国网河北省电力有限公司衡水供电分公司

主创人：梁河雷

参与人：李树平、张留岗、王继双、刘明亮、魏朋、赵建辉

📋 成果简介
★★★★

　　输电线路长期处于野外环境，在大风天气下，塑料布等异物经常会飘浮到线路的导线、地线上，造成线路跳闸，国网衡水供电公司每年都会发生20多次的导线异物缺陷。传统方法很难带电处理，往往需要停电进行。导线异物带电切除剪由一个三轮跟头滑车、长刃剪刀和绝缘控制绳索3部分组成，利用跟头滑车能通过绳索安装到导线上的功能，连接了一把长刃剪刀。作业人员在地面通过抛挂绝缘绳将此工具安装到导线上，安装后工具可以在一档导线内移动作业，剪刀通过弹簧保持张开状态，剪刀尾部连接绝缘绳索，绝缘绳索通过转向滑轮连到地面，由地面人员拉动，通过剪刀的开合，将缠绕在导线上的异物剪断。作业完成后，拉动拆除绳索，使绳结穿过滑轮，卡在拆除机构侧板的下端，继续拉动绳索，工具会向一侧翻转脱开导线，在安装绳控制下，缓慢放到地面，实现在地面即可进行导线上异物的带电处理。

导线异物带电切除剪

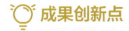 成果创新点

　　本成果全国首创将双轮跟头滑车和剪刀进行结合，在地面用绝缘绳索控制剪刀的开合，将导线异物从挂点以下剪开，剩余部分会自行脱落地面，不需停电、操作简单，无需高空作业，解决了多回路塔、高杆塔导线上异物带电处理困难甚至只能停电进行的难题。

导线异物带电切除剪现场实操

成果应用推广情况

　　本成果可以有效降低作业人员劳动强度，不需要高空作业，降低了安全风险，提高缺陷处理速度，解决了5级以上大风天气不能进行高空操作的问题，及时处理导线异物，避免了线路跳闸，提高了电网安全稳定性。成果已在河北省各供电公司线路工区进行了推广应用。与挂软梯方法相比，每次可以减少人工费300元，对于垂直排列的导线和小截面导线，能够减少停电倒闸操作次数，每次可减少操作车辆台班2台次和人工6人次，可节约费用15000元。

配网带电作业自动爬升绝缘平台

国网江苏省电力有限公司常州供电分公司

主创人：张国富、何建军
参与人：许箴、严顺、董建国、蒋卫平、蒋建平

成果简介

随着配电网络规模的飞速扩张和电力客户对供电可靠性要求的日益提高，配网带电作业由早期的地电位绝缘操作杆作业发展到现阶段的绝缘斗臂车作业，但斗臂车的使用常受到地域的限制。本项目研制了一种自动爬升绝缘平台，能够克服地域的约束，具有自动爬升砼杆或钢管杆功能，所采用的气压传动的控制电路和气路，既可自动控制爬升，也可手动控制爬升。作业平台方面，既可以选择敞开式绝缘平台，也可配装标准绝缘斗，作业人员可根据导线排列方式、作业条件选择平台组合方式，满足跨越导线对另一相导线作业的技术要求，解决了目前绝缘平台的作业瓶颈。本成果具有适用多地形场景、自动升降、大角度水平旋转、模块化、组合式作业平台五大技术特点，既拓展了配网带电作业的应用范围，又提高了配网带电作业的安全系数，在带电作业自动化和机械化方面进行了有益的探索。

配网带电作业自动爬升绝缘平台实物图

◌ 成果创新点

（1）首创气压传动实现平台升降，既可实现自动爬升，也可手动爬升。

（2）绝缘平台上配装标准绝缘斗，使作业人员根据导线排列方式、作业条件选择平台组合方式，满足跨越导线对另一相导线作业的技术要求。

（3）本成果具备适用多地形场景、自动升降、大角度水平旋转、模块化、组合式作业平台五大技术特点。

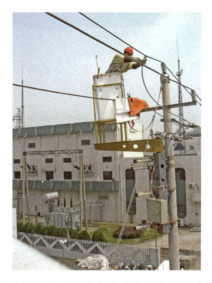

配网带电作业自动爬升绝缘平台现场实操

⋘ 成果应用推广情况

本成果为绝缘斗臂车不能到达的区域提供了全新的配网带电作业绝缘平台，尤其是提供了跨越邻近相导线对另一相导线作业的技术平台，极大地丰富了配网带电作业手段，扩展了配网带电作业的区域范围。全年可减少停电时户数20000户左右，供电可靠性可提高0.01个百分点，具有较高的推广价值。成果荣获"2011年国家电网公司职工技术创新优秀成果一等奖"，以及一项国家发明专利和三项国家实用新型专利。

基于多种新判据的改进型线路差动继电器

南瑞集团有限公司（国网电力科学研究院有限公司）

主创人：郑玉平、吴通华
参与人：周华良、徐广辉、曹团结、戴列峰、余洪、苏理、姚刚

成果简介

线路纵差保护在现场得到了广泛的应用，但其在运行过程中也暴露出一些问题：现有纵差保护无法适应通道来回路由不一致、通道误码率较高的场合，纵差保护经常退出运行导致差动拒动的问题，在复用通道中出现概率更大；非故障相CT饱和导致纵差保护误动或误选相的问题；超（特）高压长线路电容电流影响差动灵敏度的问题。

本项目针对以上纵差保护存在的普遍性难题，提出相应的解决方案：

（1）提出在线测量光功率实现通道状态实时监测和报警的机制，消除通道隐患，提高通道的可靠性；实现光功率在线显示、收信功率过低和收信功率变化报警。

（2）提出利用线路模型判别通道路由不一致；提出单通道条件下纵差和纵联保护无缝切换机制，使主保护能适应通道来回路由不一致场合，同时降低通道误码率较高的场合主保护退出运行的概率。

（3）提出用故障相电气特征量作为非故障相动作方程中的制动因子形成非故障相饱和判据，较好的解决非故障相饱和纵差保护误动的问题。

（4）提出差动阻抗继电器，从原理上避免电容电流补偿的问题。

以上成果已申请专利4项，并已成功地应用于新一代超高压线路保护装置中，相比传统线路差动保护，改进型差动继电器的可靠性大大提高、适应复杂通道能力增强、保护性能优越，具有显著的经济和社会效应。

NSR-303 超高压线路保护装置

💡 成果创新点
★★★★

实现了光功率在线测量，并据此提出了通道状态变化报警机制，实现通道状态在线监测；提出单通道条件下纵差和纵联无缝切换机制，减少了主保护退出时间；提出了基于故障相制动判据，结合谐波辅助判据，解决非故障相CT饱和引起差动保护误动的问题；提出了原理上不受电容电流影响的差动阻抗继电器，无需电容电流补偿，提高了保护灵敏度。

专利申请情况

⤳ 成果应用推广情况
★★★★

相比传统的线路差动保护，改进型差动继电器的可靠性得到较大提高、适应复杂通道能力大大增强、保护性能优越，带来显著的经济和社会效应。依托本成果研制的系列差动保护装置，已在我国220~1000千伏各电压等级电网广泛应用，并出口至多个国家和地区。装置投运以来，运行性能优异，安全可靠，凭借技术先进性、实用性和可靠性，迅速在220千伏及以上各电压等级推广应用，带动我国220千伏及以上线路差动保护应用率迅速提升，为我国电网的安全可靠运行提供了关键技术支撑。

城市变电站降噪方案设计优化

国网重庆市电力公司电力科学研究院

主创人：徐禄文

参与人：杨滔、邱妮、苗玉龙、钱丽、杨鸣

成果简介

变电站的建设和运营需考虑对周边环境的影响，变电站噪声超标扰民而引起的投诉、纠纷、阻工等环保事件时有发生，有些甚至经过了司法程序才得以解决。随着城市用地的日趋紧张，电力企业在变电站噪声控制方面将面临更大的环保压力。为了减少变电站降噪中的盲目性和随机性，实现精准和高效降噪，亟须通过规范和标准的仿真计算加以解决。

本成果为国内外首款变电站噪声"三维"分析及优化控制专用软件，实现了对变电站空间噪声分布多维"协同"分析展示，尤其是通过虚拟现实技术和三维等值面将无形的噪声可视化，让误判、漏诊不复存在。经该软件的分析计算在确保变电站周边声环境保护目标环保达标的同时，可有效降低噪声超标工程治理费用和房屋拆迁成本30%以上。不仅有利于减少环保投诉、节约工期，促进电网企业健康高效发展，还有利于解决环保纠纷、化解社会矛盾，具有极大的社会效益。

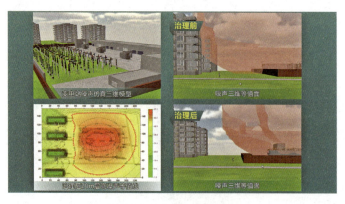

变电站噪声治理效果图

💡 成果创新点

国内外首款变电站噪声三维分析及优化控制专用软件，有机嵌入了诸多变电站相关元素，从形式到内容更具特色和针对性；可对变电站空间噪声分布同时采用多维协同分析展示，尤其是通过虚拟现实技术和三维等值面将无形的噪声可视化，让误判漏诊不复存在；实现多个噪声治理方案的经济技术性比对，可在确保噪声控制达标的同时降低工程造价。

变电站噪声分布三维等值面图

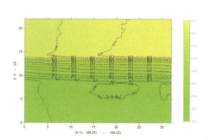

居民楼立面噪声分布图

🔗 成果应用推广情况

在新建变电站的规划及设计中，运用本成果可实现高效精准的噪声仿真分析及预测，有效避免投运后出现各类可能的噪声超标问题。在运行变电站噪声治理中，运用本成果可对治理方案进行优化比选及费用预估，在确保治理效果同时，降低工程成本，实现经济最优，杜绝工程费用虚高的现象发生；此外，本成果还可应用于变电站噪声环境影响评价、噪声投诉应对、科普宣传及环保竣工验收等工程领域。本成果已在重庆、四川、福建等地50余座变电站噪声工程治理仿真分析中成功应用，并多次参与国家电网公司变电站噪声治理方案仿真计算校验审查。

变电站母线不停电隔离开关吊装装置

国网福建省电力有限公司泉州供电公司

主创人：黄道华

参与人：李奕宏、苏东青

📋 成果简介

本成果是一种用于变电站母线不停电隔离开关的安全吊装装置。本装置安装流程清晰、操作便捷、安全性能高，能够有效解决变电站母线不停电隔离开关的吊装作业需求，具有重要的实际应用价值。具体操作如下：

（1）将安全吊装装置固定架放置在隔离开关槽钢平面上，用 U 型螺栓紧固，确保螺栓旋紧。接着，把底座放置于固定架上并用螺栓紧固；再将两电机首尾对调分别安装于底座两边，使旋转编码器轴心与电机轴心一致。

（2）按示意图组合杆段，螺栓旋紧后，在主杆上脱帽一端的拉环挂好起重滑车组，连接绳索供电机引用；上脱帽另一端的拉环挂好伸缩滑车组，通过副杆定滑车牵引下供电机引用；在副杆一端的转盘上拴好绳索以掌握抱杆平衡。

（3）将两杆体下段分别与底座相连，并在两杆之间用绳索牵引，防止抱杆自由倒落以实现二次保护。此外，装置的 PLC 以液晶显示触摸屏作为人机界面（MMI），以数据、指示灯等多种方式显示参数及数据，画面包括主画面、参数设置画面、整机控制画面等。

💡 成果创新点

变电站安全吊装装置可以实现不停电吊装作业。在扩建时，改变传统安装操作方式，减少扩建施工中的劳动强度，达到安全，方便，可随时扩（改）建施工本装置的创新点如下：

（1）根据吊车吊装的安全距离不足，设计吊装装置控制在安全距离范围内，可安全操作施工。

（2）为了使施工快捷、安全、方便操作，所以采用机电一体化技术实现手动和自动的操作功能，达到了操作的先进性。

（3）考虑到施工人员劳动强度过大，所以均采用航空高强度铝合金的轻便吊具，不仅方便施工而且减小了劳动强度。

成果应用推广情况

本成果应用于运行中的变电站间隔扩建，实现110千伏母线不停电安全吊装作业，实现良好经济效益和社会效益。在经济效益方面，提高了施工效率，较少生产损失，降低设备维修与更换成本，缩短施工周期从而控制人力成本，节约开支。在社会效应方面，保障正常用电，减少不便与影响，避免安全事故和纠纷，推动行业技术进步与创新，树立良好形象。

常规开关柜智能化改造与程序化操作

国网安徽省电力有限公司铜陵供电公司

主创人：潘静、魏敬宏

参与人：杨连营、李友明、倪汇川、朱宁、张东

成果简介

本项目结合国网铜陵供电公司一座110千伏纺织变电站程序化操作改造项目而开展，选择该变电站35千伏及以下常规开关柜对其进行技术研究与改造，在不破坏整体硬件结构的前提下，增加开关柜电动操作功能，以总体满足常规开关柜程序化倒闸操作的技术条件。在此基础上，对改造成果进行拓展应用，即在技术改造后的常规开关柜的各项性能指标满足要求的前提下，与开关生产厂家合作生产出一体化设计的电动操作开关柜，为今后实施对变电站常规开关柜进行智能化改造提供经验。

在常规开关柜的智能化改造过程中，国网铜陵供电公司在开关室内开发视频轨道机器人系统，其主要目的是为了在对变电站进行程序化倒闸操作时给操作人员提供直观的状态判断功能，即在倒闸操作的过程中对设备进行全过程的视频监视，这也是为了满足安规对倒闸操作的安全性要求。

本项目的最终目标是在常规的110千伏纺织变电站实现倒闸操作程序化（即顺控功能），在整个项目的实施过程中，国网铜陵供电公司成立了项目技术攻关小组和项目实施小组，对项目的实施过程实行全过程管控，使得项目各项指标全部实现，技术指标全部满足设计要求，该项成果作为我省新建220千伏滨江智能化变电

常规开关柜智能手车

站的35千伏开关柜可选设备，同时也将在公司的变电站改造中推广应用。

成果创新点
★★★★★

一是对35千伏及以下常规开关柜进行技术研究与改造，在不破坏整体硬件结构的前提下，增加开关柜电动操作功能，以总体满足常规开关柜程序化倒闸操作的技术条件。二是对改造成果进行拓展应用，设计生产一体化设计的电动操作开关柜。三是开发视频轨道机器人系统，提供直观的状态判断功能。

常规开关柜智能底盘车系统

成果应用推广情况
★★★★★

目前程序化操作功能已经在部分供电公司的数字化变电站和新建变电站得到成功应用，但常规综合自动化变电站因一次设备性能瓶颈问题均未实现程序化操作。本项目开展的常规中置式高压开关柜手车电动操作研究改造，在不改变其内部结构的条件下，提出了一种通用性的小车机构电动操作方法，实现后可以在目前所有国产开关柜应用，在最大限度地实现现有设备综合利用，以实现常规综合自动化变电站程序化操作。通过常规开关柜实现智能化改造及移动轨道视频技术的成功应用，为常规变电站的程序化改造提供了有效途径，实际应用前景十分广泛。

SF₆设备多功能全自动充补气装置

国网河北省电力有限公司沧州供电分公司

主创人：李扬创新工作室

参与人：李扬、刘勇、王光辉、程春芳、刘建国

成果简介

SF₆设备全自动补气装置整体分为两部分：第一部分，上端部。上端部主要设有液晶触控屏、开关按钮、环境监测传感器以及电池等硬件设施，主要是操作、指示与供电单元；第二部分，下端盒舱。下端盒舱主要包括PLC控制器、比例电磁阀、压强传感器以及SF₆气体流通铜管等，主要是控制实施单元。

装置通过压强传感器每隔0.1秒测一次压强，并将压强值通过模数转化模块转化成数字量，传输到PLC控制器内进行程序运算，并根据运算结果调整比例电磁阀的开启程度，实现精确控制补气。

装置的PLC控制器内编有操作程序和报警闭锁程序，作业人员按照程序提示实施作业，误操作不会执行，更没有漏操作，同时环境监测传感器实时监测，如果监测到SF₆气体泄漏，即可报警关闭电磁阀门，停止补气闭锁装置。

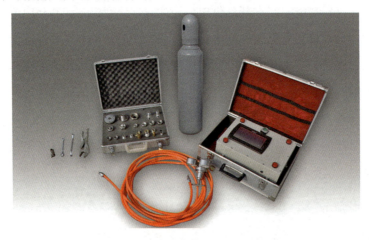

SF₆设备全自动充补气装置全家福

成果创新点

★★★★

　　成果使用压强、温度、湿度等多个传感器，将充补气流程编写成操作程序置于PLC控制内实现自动控制，用机器代替人工操作，实现了SF_6充补气作业的自动化和精确化。本成果在电力行业尚属首例，处于领先水平。

SF_6全自动补气装置成果测试中

成果应用推广情况

★★★★

　　随着SF_6设备的广泛使用，对SF_6设备的维护工作量不断增大，同时依据状态检修的要求对维护的工艺质量也不断提高，SF_6设备全自动补气装置提供了一种高精度、可控的、标准化、防误操作、防漏操作的SF_6补气方式，为保障电力行业SF_6设备的安全稳定运行提供有力支持。成果已经在国网河北电力检修试验、大修技改、缺陷处理、事故抢修等工作中推广使用，在经济效益和改善充补气工艺取得好成绩，可推广到整个电力行业应用。

新型虚拟现实变电站沉浸式仿真系统

国网江苏省电力有限公司技能培训中心

主创人：李世倩、倪春
参与人：陶红鑫、姚建民、季宁

成果简介

　　新型虚拟现实变电站沉浸式仿真系统采用先进的虚拟现实技术与电力系统先进的自动化技术相结合，充分利用先进的"声、光、电"等视觉技术和感知技术，使用可穿戴设备数据手套和动作捕捉系统代替了传统的鼠标操作，营造听觉、视觉、触觉相结合的感知环境，创造一个沉浸式三维立体空间来模拟生产现场，尤其是事故异常的环境、氛围，使学员身临其境，具备强烈的沉浸效果，保证培训中的学习成果在工作中能得到正常发挥。可模拟角色扮演和多人协同操作，系统实时提供两个操作员控制对应的虚拟场景中的两个虚拟人进行虚拟变电站的正常操作。仿真变电站中的各种可操作的设备均可以操作，可以全面、完整地实现变电站中的各种正常操作过程，所有操作可在三维虚拟场景中使用数据手套，目前此应用在变电站仿真领域是空白。用数据手套代替鼠标交互将使操作者以更加直接，更加自然，更加有效的方式与虚拟世界进行交互，大大增强了互动性和沉浸感。同时也对软件碰撞检测算法提出更高要求。建立了大运行变电站值班人员虚拟操作行为标准库，如挂地线，挂牌，放围栏等。通过动态人物虚拟骨骼和实时蒙皮技术，建立了3D虚拟人物库和变电站角色操作动作库。

成果创新点

　　新型虚拟现实变电站沉浸式仿真系统创新使用可穿戴设备数据手套和动作捕捉系统等新技术，首次将其应用于变电仿真领域，创造了虚拟现实的模拟操作环境，增强了互动性和沉浸感。创建多角色协同操作模式，实现变电运维人员操作、监护不同角色的分工协作。结合软件碰撞检测算法、动态人物虚拟骨骼和实时蒙皮技术，建立了大运行变电站值班人员虚拟操作行为标准库和3D虚拟人物库和变电站角色操作动作库。将各种先进技术相结合营造听觉、视觉相结合的感知环境，真实模拟变电站生产现场，大大增强了仿真培训的实战效果。

JS2012VR 虚拟现实开发平台计算机软件著作权登记证书

成果应用推广情况

　　新型虚拟现实变电站沉浸式仿真系统是将目前虚拟现实仿真领域最先进的技术和设备和电力系统仿真相结合，构建具有完全逼真效果的变电站生产运行环境。应用于多期变电运行人员和新员工上岗前培训及在岗培训，使之能正确熟练地掌握在各种运行方式下的监视、操作技能，提高正确分析判断和处理各种应急故障和事故的能力。

快装式高压隔离开关检修平台

国网天津市电力公司检修公司

主创人：许想奎、赵晓鹏
参与人：胡明、邵连生、田强、陈楠、王金平、徐志华

成果简介

　　对电网运行的大量三柱、两柱水平旋转式隔离开关导电部分和绝缘子的停电检修主要依靠使用斗臂车、使用绝缘梯或搭设脚手架辅助完成。但使用斗臂车受停电范围和变电站地势所限，其优势时常发挥不出来；使用常规绝缘梯需要专人扶持，工作人员站在绝缘梯横脚蹬上进行检修工作，工作起来极不便利；搭设脚手架时准备工作量大，组装速度慢，检修设备进行传动时，需将脚手架临时拆除，导致设备检修时间加长。为消除以上检修方式中使用斗臂车、使用绝缘梯、搭设脚手架等方式带来的安全性低、组装速度慢、受变电站地势限制大等不利因素，结合检修设备结构特点，遵照相关规程及技术要求，特研制了快装式高压隔离开关检修平台。平台设计轻巧，能够快速拆卸、分解，携带方便，既可单架使用，也可组合使用，有效缩短了设备停电检修时间，提高了检修现场的安全作业水平。

多架平台组合安装

💡 成果创新点

（1）平台设计为快装式，结构件连接均采用插接、扣接方式，连接方便、可靠，可单架或多架同时使用，极大提高了工作效率。

（2）平台设计安装了牢固的锁紧装置及专用操作踏板，使工作人员作业过程中时刻处于平台保护之中，解决了该类型高空作业中没有安全带挂点问题，消除了习惯性违章（攀爬绝缘子等），提高了现场的安全作业水平。

快装式高压隔离开关检修平台现场组装

🔗 成果应用推广情况

平台已经研制成功并应用于电网三柱、两柱水平旋转式隔离开关的检修、维护工作中。特别适合于对该型号高压隔离开关导电部分及绝缘子开展检修工作，平台能够牢固地固定在隔离开关的槽钢底座上，牢固的结构和全面的安全措施使工作人员在作业过程中时刻处于检修平台的保护之中。相对于传统检修方式，应用此平台对该型式隔离开关进行检修，平均每组能够节省停电检修时间3.5小时，效益显著。

±660千伏直流输电线路专用等电位转移棒

国网山东省电力公司超高压公司

主创人：王进、郑连勇

参与人：韩正新、蔡俊鹏、毕宬、刘兴君

成果简介

　　国内外±500千伏直流输电线路带电作业技术及工器具已经成熟，而对于±660千伏电压等级带电作业相关技术尚属空白。2011年3月投运的±660千伏银东线，其负荷达4000兆瓦，约占山东全省电网负荷的9%，保证其持续安全稳定运行对山东省人民生产、生活意义重大。该线路在世界上首次采用±660千伏电压等级、1000平方毫米大截面导线等诸多新技术、设备，国内外均无可借鉴的带电作业标准及经验，迫切需要建立相应的技术标准及研制相应带电作业工具，实现对该线路的不停电检修。等电位人员进出电场时，产生放电拉弧是不可避免的物理现象。电位转移棒就是作业人员在进入电场时，通过电位转移棒，可将自身电位迅速"转移"至等电位，因此电位转移棒尤其重要。本成果可实现在±660千伏电压等级带电作业电位转移目的，属于±660千伏电压等级带电作业攻关的重点。

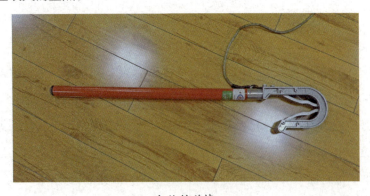

电位转移棒

成果创新点
★★★★

　　创新自主研制了±660千伏电压等级用电位转移棒，可以适应±660千伏电压等级要求。作业人员等电位时将电位转移棒挂接在带电导线上，脱离电位时将电位转移棒摘除，避免了人体与导线逐渐接近或逐渐分离时形成的放电拉弧，在作业人员进出电场时减小冲击电流的幅值，起到保护作用，有效避免直流电场特有离子流电流对等电位工作人员的伤害。

电位转移棒与屏蔽服连接细节

成果应用推广情况
★★★★

　　本成果已通过专业试验机构检验，符合±660千伏带电作业要求。本项目自主研发±660千伏带电作业工器具已在±660千伏银东线沿线的宁夏、陕西、山西、河北、山东五省份推广应用，并成功应用于巴基斯坦默拉直流项目。

大型发电机定子槽楔防松动技术

国网甘肃省电力公司刘家峡水电厂

主创人：王恩选、刁国峰
参与人：付廷勤、王多、李永清、沈利平

📋 成果简介
****

　　发电机定子槽楔是固定发电机定子线棒，避免线棒在运行过程中因温度、电磁力及振动等因素对绝缘产生弯曲、磨损等机械损害，保证机组的安全运行。槽楔在保护线棒不受以上因素损害的同时，也承受了同线棒一样的反作用力。由于槽楔在安装过程中受材料影响和工艺的限制，槽楔在运行中受到电磁力、频率、温度、机械振动等多种因素的作用，机组在运行一段时间后，槽楔、斜楔、垫条在机组的径向上会产生一些无法恢复的压缩变形量，使槽楔对定子线棒的压紧度下降，机组定了槽楔、垫条运行一段时间后就会出现松动和下沉现象。

　　大型发电机定子槽楔防止松动技术，扩大了槽楔防止松动技术工艺处理的应用范围，使发电机定子槽楔防止松动技术指标有较大提高。本项目的生命力在于实用，定子槽楔在工艺和技术上有多项创新和改进，项目实施后发电机定子整体性能得到提高，达到了预期效果。根据发电机组目前运行情况，发电机定子槽楔经过改造后可以安全稳定运行20年以上。

发电机定子槽楔装配

成果创新点

（1）槽楔尺寸缩短，安装数量增加，受力均匀，可靠性提高。加工方式为机加工方式，尺寸精度高，施工难度低，施工质量高。

（2）斜楔设计较槽楔短5毫米工艺，配合使用斜楔打紧推子，实现了槽楔紧度可以微调的功能，施工质量和技术参数进一步提高。

（3）上下节槽楔采用结构胶补强粘接工艺，淘汰涤玻绳浸胶绑扎工艺，施工方法简单，对槽楔的固定能力更为可靠。

发电机定子槽楔安装实施后

成果应用推广情况

目前该项技术已分别在国网甘肃省电力公司刘家峡水电厂2、3、4号发电机，甘肃明珠水电开发有限公司右岸1号发电机，成功应用，完全消除发电机定子槽楔松动、跌落等缺陷，改善和提高机组运行可靠性，延长发电机工作寿命。

超声波洗瓶机

国网河北省电力有限公司石家庄供电分公司

主创人：吴灏、黄普利
参与人：王玮民、李学伟、黄建、郝军燕、冯超、樊学军、杨博

📋 成果简介
★★★★

　　在我国，油化验日常工作中会使用大量的油样瓶、注射器、锥形瓶等玻璃器皿，多年来这些器皿的清洗一直采用着人工手动清洗的方式。随着"状态检修"的深入开展，变压器油的取样越来越频繁，油样瓶使用数量越来越大，人工作坊模式产生的问题越来越多，因此，亟须一种全方位无死角、高效、安全、节能的化验用器皿清洗设备。

　　超声波洗瓶机兼具清洗过程安全、高效、节能、无死角及智能化五种优点，与其他同类产品相比，在技术原理、工作效率、清洗质量、安全风险、智能化程度、劳动强度、应用范围、生产成本等方面具有显著优势。基于超声波震荡技术，利用可拆卸多功能清洗篮与360度立体旋转轴（无死角、节能），结合新颖的液体管路清洗工序切换系统（节能），在自动化程控技术支持下（安全、高效），完成多种不同功能化验器皿由人工清洗向机械自动化清洗的转变，开创了油样器皿清洗作业的新模式。

超声波洗瓶机整体外观

成果创新点

★★★★

（1）发明了360度旋转式内、外清洗技术。利用内、外两种清洗喷头，加强污物层分散、乳化、剥离效果，洗涤质量提升30%以上。

（2）发明可拆卸清洗载瓶装置。针对不同功能、形状的试验器皿设计了多个可拆卸清洗篮，适用范围广泛。

（3）发明了多工序自动切换管路系统。清洗开始后无需人工干预，仪器自动完成清洗，提高清洗效率，消除安全隐患。

工作人员检查清洗效果

成果应用推广情况

★★★★

基于发明设计内容，已研制出全方位无死角高效超声波洗瓶装置，经河北省质量监督检测机构验证，各项技术参数均达到国内领先水平，提高工作效率的同时，保障了人身和电网安全，推动相关行业同步发展。

目前，基于本专利技术发明内容，已与石家庄思凯电气公司签订了专利成果的生产许可合同，扩大市场份额，实现规模化生产，并在河北、山西、湖北、广东等地推广实施应用。此外，本成果还可应用于化工、科研、医药、食品加工等行业，适用范围广泛。

可带电搭拆保护环

国网湖北省电力公司襄阳供电公司检修公司

主创人：娄先义

参与人：万焰、钱冰、朱国军、何靖玲、汪伦

📋 成果简介

在传统的配电维护工作中新投运变压器搭火必须先停电才能完成工作，尤其是搭火线路为绝缘线时在搭接保护环和挂接地线时都需要剥离绝缘线皮，即使采取带电作业搭火时仍然需要带电剥离绝缘线皮。

可带电搭拆保护环能够实现带电搭火以及挂设接地线，即使线路为绝缘线在不需要剥离绝缘皮的前提下，仍能实现带电搭火和挂设接地线。本装置运用带电线夹的原理，将两个线夹整体优化组合设计成一个新型挂钩式保护环。

本保护环从侧面看呈"人"字型，宽度与传统带电线夹接近，装置采用全金属制造，"人"字的上部挂接在绝缘线上，通过伸缩绝缘杆紧固两个螺钉，挂接部与金属块均带有铜质钉刺能够轻松刺入绝缘线中，并设计有螺钉防松动挡板，防止线夹螺钉松动，同时加装上下共17个可穿刺用的导电针。"人"字的两只脚从正面看类似两只手柄可以搭火或者挂设接地线，装设整个过程十分方便，简化了之前繁杂的工作过程。

可带电搭拆保护环实物图

成果创新点

可带电搭拆保护环运用带电线夹的原理，将两个线夹合并组成一个线夹保护环，将线夹整体优化组合设计成一个挂钩式保护环，在不停电的情况下不用扎丝缠绕就可将保护环固定在线路上。此保护环除了可直接用作保护环，还可作为绝缘线路检修时的临时接地挂环。

可带电搭拆保护环现场实操

成果应用推广情况

按照配电台区接电搭火平均一次停电2个小时计算，使用本成果可减少停电时间6个小时，多供电量6×10000=60000（千瓦时）。本成果已制定生产标准和操作规程，在全省范围内推广，大大提高了工作效率，减少停电时间，降低劳动强度，使优质服务得到提升。

新型电能表智能化校验接线装置

国网重庆市电力公司电力科学研究院

主创人：程瑛颖、胡建明

参与人：杨华潇、肖冀、刘静、吴芳、张霞

成果简介

　　本装置是一种复合型智能终端接线装置，由智能终端接线盒与一体式智能现校插头组成。复合型智能终端接线盒内部采用双簧片设计，安装于计量屏柜中，与二次计量回路相连，来自二次计量回路中的电压电流信号可以直接经过触片流向电能表。对计量电能表进行现场校验时，电压信号的现场校验采集采用并联方式，接线插头上、下两铜片通过电压连片并联，在插入过程中电压信号始终处于连接状态，不影响电能表正常运行。电流信号的现场校验采用串联方式，接线插头的端子在插入过程中，顶开第一组双簧片时，电流信号分流至现场校验装置，第二组双簧片保持接触，插头继续往前插入，铜片顶开第二组双簧片，此时电流信号全部切换至现场校验装置，然后流向电能表，电能表始终保持获取电流信号，整个过程电流信号始终处于连接状态电流不开路。这种分级插入、先分流后串入的接入方式，是接入电流回路进行测试的最安全有效的方法，且不会影响计量电能表的正常运行。

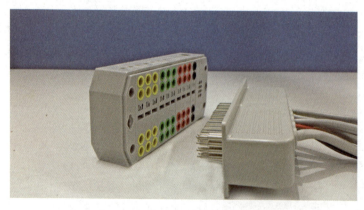

新型电能表智能化校验接线装置

成果创新点

装置采用拔插式操作方式，再无传统接线中带电操作的项目。非接触式的操作改变了现场校验人工接线作业方式，杜绝了人为错误接线，在降低现场作业安全风险、提高工作效率等方面作用突出。

智能现校插头

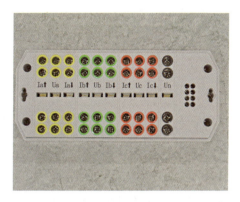

智能终端接线盒

成果应用推广情况

装置完全满足现有试验接线盒技术要求，不会影响电能表正常运行，可替代现有的试验接线盒。接线盒安装结束后，一台现场校验仪配备一个智能现校插头，进行电能表现场校验时，电压、电流信号取样只需一个简单的插拔现校插头的动作就能将取样步骤快速完成。装置操作简单，操作人员无需针对本装置进行专门的技术培训，易于推广，解决电能表现场校验时，现场带电作业操作复杂，安全风险大的现状。

电力设备与接头过热温度在线监测系统

国网河北省电力有限公司沧州供电分公司

主创人：李扬创新工作室

参与人：李扬、王光辉、刘勇、王家清、程春芳

成果简介

成果的研发一是使用电子设备代替人工作业，将温度探头带电安装在过热处，进行实时监测过热温度，通过放置于现场的智能收发器向远方监测人员的手机发送过热温度信息，无需测温人员长途驱车到现场多次测温记录；二是可获得过热处连续准确的温度曲线，能够掌握过热处温度特性，为后期制定过热处理方案和预防温度升高提供数据支持。

成果整体分为：温度探头、带电安装器、智能收发器、密封盒。

成果使用了当前先进成熟的传感器技术、无线数据传输技术，数字温度传感器紧贴过热处，由单片机控制每10秒测量一次温度，通过无线收发模块将温度信息发送给智能收发器，并对温度信号进行数据分析计算并实时记录，当超过报警温度值，立即发送信息给预设的4个手机号。

成果整体原理图

成果创新点

　　各个电子元器件使用贴焊工艺将各个电子元器件焊接在电路板上，金属及其他部件使用高精度机床加工而成。

　　温度探头发射的信号强度为0 ~ -18分贝毫瓦，智能收发器向手机发送短信的信号强度为37分贝毫瓦，都为极弱信号，不会对人体造成任何伤害，不会对现场运行的任何设备造成干扰。

成果现场使用图

成果应用推广情况

　　变电站内运行的设备和接头数量庞大，接头过热属于十分常见缺陷，全国变电站数量不计其数，同时新建变电站逐年增多，站内运行的设备和接头出现过热缺陷也会增多，因此成果适用于实时监测变电站内的一次设备和一次设备电气连接的接头处的过热。

　　成果可应用于变电设备和接头处，服务于变电检修、变电运维、高压试验专业，同时也可应用于输电线路上，服务于输电专业，实现对日益增加的站内设备进行有效的过热实时温度监测，成果在省公司范围内推广前景良好。

直流输电换流阀阀塔清灰工具

国网山东省电力公司超高压公司

主创人：陈大庆、马龙

参与人：刘冬、李浩、高炜、代海涛

成果简介

在特高压直流电场作用下，换流站核心部件阀层内部各元器件表面感应产生强静电，会大量吸附空气中的带电灰尘颗粒，若灰尘积累过厚，将影响元器件散热而影响性能，甚至导致元器件损坏，威胁到直流系统的安全稳定运行。

直流输电换流阀阀塔清灰工具由增压系统、过滤系统、静电清除装置、除尘装置和灰尘回收装置组成。增压系统增压产生压缩空气，将出气压力控制在合理的范围之内，通过连接管路输出到过滤系统，在过滤系统经过过滤和干燥将气体中的油、水分、杂质等滤除掉，防止污染设备，静电清除装置将过滤后的纯净空气电离成等量的正负离子，利用除尘装置的喷气口喷射到元器件表面，中和设备表面静电的同时压缩空气将灰尘清除，最后利用灰尘回收装置进行回收，避免二次污染。

本成果可将阀塔元器件表面灰尘量清除至小于2.07毫克/平方厘米，满足换流阀正常运行的要求，工作人数由6人减至2人，每个阀模块清灰工作时间由平均0.97小时减少至0.2小时。本工具的应用解决了目前国内换流站换流阀阀塔清灰的难题，降低了阀塔内部积灰，提高了阀塔内设备元器件的绝缘水平，增强了换流阀设备的运行稳定性。

直流输电换流阀阀塔清灰工具增压系统

成果创新点

（1）成果采用集中式控制，将各个功能模块的控制部分集中设计在一个控制箱内，实现了集中控制。

（2）成果通过高压离子发生器产生一定值高压施加于放电针上，将气体电离出正负离子，通过电离特性吸附元器件表面的灰尘，实现将元器件表面静电消除的同时，清除灰尘及回收。

直流输电换流阀阀塔清灰工具除尘组件

成果应用推广情况

本成果已在国内8个直流换流站应用推广，并且对于不同结构、不同电压等级的换流阀具有极高的通用性，不仅适用于±660千伏直流输电，而且适用于±800千伏、±1000千伏及其他特高压直流输电等级，能够清除阀塔上静电吸附的大量灰尘，提高了换流阀检修工作效率及安全性，为换流阀阀塔检修工作标准化提供了新思路。

远程运维一体化机柜

国网黑龙江省电力有限公司信息通信公司

主创人：赵威、解庆文
参与人：孙绍辉、陈四根、王朝阳、曹勖、王东、于桂玲、安锐、张雪松、
盛旭

成果简介

近年来信息化建设工作持续推进，信息技术已经深入应用到各区、县、乡供电局、变电站等大量基层单位的日常工作当中。信息网络作为计算机通信的基础对基层单位来说已经不可一日或缺。然而由于二三级节点的位置偏远、设施落后、技术不足等天然属性，其网络设备运行的稳定性难以保障。而物理安全措施的不足更容易给整个电力信息网络带来大范围的安全隐患。

为提高基层网络设备运行环境的管控能力及运维管理水平，有效解决网络机房改造成本高、机房运维不便等难题而研制的"远程运维一体化机柜"，将机房所有要素进行合理布局，可根据实际环境按需组合，智慧控制，支持远程集中操作控制，方便远程管理监控，极大降低运维成本，完美保证设备环境的各种要求。

通过在基层单位部署"远程运维一体化机柜"，解决二三级节点网络设备运行环境差等难题，并实现对基层单位网络设备运行环境的温度保障、湿度保障、空气质量保障、配电保障、物理安全保障。通过信息系统调控中心管理体系，对偏远节点网络设备进行实时远程环境监控、远程断电重启、远程操作指导、断网情况下的应急终端拨入，极大提高基层单位节点的网络安全性和稳定性，节约用于机房建设的大

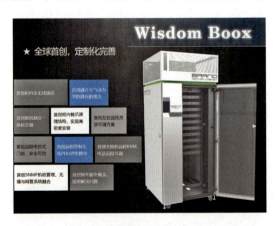

一体化智慧机柜机柜介绍

量投资，使得相关单位能够有更多的资源扩展网络覆盖范围，提高服务质量，增强人民群众的生活满意度，促进社会和谐稳定，具有良好的经济社会效益，为信息系统在基层单位的深化应用提供了良好的基础保障。

成果创新点

"远程运维一体化机柜"大胆采用了密集的温湿度和电源输出监控、智能控制空调等机房智能管控措施，通过合理的布局为网络设备提供安全、可靠、便捷的安装环境，使得当天内就可以完成服务器与机柜的部署、回收或迁移，极大地提高了工作人员的工作效率。

成果获第42届日内瓦国际发明展金奖

"远程运维一体化机柜"的关键技术包括：一是首次开发了融合空气动力学静压舱理念的一体化空调；二是空调无水化；三是基于无线调频技术采集环境变量，实现柜内全无线通信；四是远程KVM；五是机柜智能管理系统；六是智能PDU管理单元；七是远程电控式门锁，安全可控。

成果应用推广情况

"远程运维一体化机柜"实现机房设备运行情况24小时在线监测、故障自动报警和软件故障远程处置，节省了每个机房每年两次的人工巡检投入，节点故障率由3.108次/年降低至0.168次/年，年运行维护成本节省了三分之二。通过在基层单位应用本成果，极大地提高了智能电网的安全性与稳定性。"远程运维一体化机柜"的出现结束了智能电网信息通信机柜设备只能由欧美创造的历史。

换流站直流控制系统切换逻辑

国网青海省电力公司超高压公司

主创人：李斌善、李生龙
参与人：刘占双、张彦军、王兴善

📄 成果简介

　　柴达木换流站作为青藏直流联网工程的"心脏"，对促进青海、西藏经济社会和谐发展具有重要的现实意义和深远的战略意义。换流站直流控制保护系统切换逻辑严重故障将会导致直流闭锁，损失柴拉直流输送至拉萨负荷。目前直流控制系统切换逻辑验收、调试方法单一，只验证单系统故障和两套系统同时故障时系统切换顺序和动作后果，对系统切换逻辑验证不到位、不彻底，验收调试很难发现系统切换逻辑本身的缺陷及隐患，尤其在极限情况下系统切换逻辑缺陷及隐患。而严重的缺陷及隐患将会导致直流单极闭锁等重大问题。本成果提出了在软件中置数和模拟系统硬件故障两种方式配合，进行值班系统和备用系统同时发生运行状态改变系统切换原则、值班系统先于备用系统发生运行状态改变系统切换原则、备用系统先于值班系统发生运行状态改变系统切换原则的系统切换试验三种试验方法全面验证系统切换逻辑。本成果能够验证系统切换逻辑在极限情况下（10毫秒内/10秒内）的系统切换逻辑动作过程及动作后果。

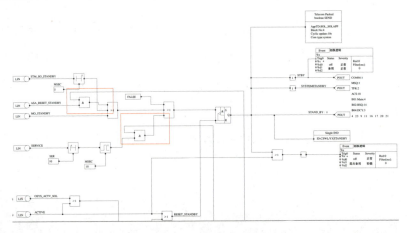

换流站逻辑优化后系统逻辑示意图

成果创新点

本成果是国内首次对直流控制保护系统切换逻辑结构、动作原理、动作过程及动作结果进行研究并提出优化改进方案，发现并治理两处由控制系统切换逻辑重大隐患，解决了系统在切换至备用前不判断保护动作出口信号问题，系统在切换前判断保护是否有动作信号，避免了系统带保护动作信号自动切换或手动切换至备用，导致直流闭锁。

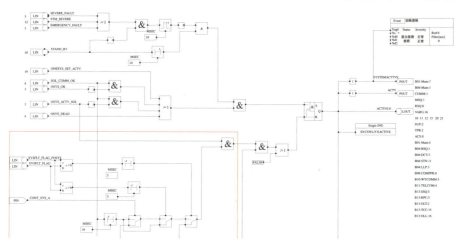

换流站逻辑优化后系统验证图

成果应用推广情况

目前已在柴达木换流站检修管理规定中增加相应条款，并修改了直流控保系统检修作业指导书及验收作业指导书系统切换逻辑部分内容。通过本项目发现的切换逻辑隐患已通过国家电网公司直流专业会并上报国家电网公司，对其他换流变电站系统切换逻辑改造及验证、验收有着指导意义。本成果已被纳入国家电网公司2014年04月《国家电网公司防止直流换流站单、双极强迫停运二十一项反事故措施》征求意见稿，并在±400千伏柴达木换流站、±400千伏拉萨换流站、±800千伏锦屏换流站推广应用。

特高压电晕笼试验辅助装置

中国电力科学研究院有限公司

主创人：刘元庆

参与人：边大勇、侯志勇、刘跃、王仕超

成果简介

电晕笼是一种方便快捷研究高压输电线路电磁环境的重要工具，但电晕笼试验中尚缺乏有效的试验辅助装置。

高压引线是高压电源与试验对象相连的"主通道"，但往往由于试验电压过高、引线表面不够光滑而出现电晕放电，对试验结果产生恶劣影响。本项目通过对高压引线上的均压球结构进行仿真优化，研制出的均压球为凹陷形空心球体，让一个球体嵌套在另一个球体的凹陷部分中，优化后新型均压球表面场强比同等大小常规均压球的表面场强小。

在电晕笼中需要开展多种导线的电磁环境试验，如不能做到导线的无损存放和再次重复利用，将会造成极大的浪费。本项目研制的高压输电导线存放架包括由立柱和横梁构成的固定架和支撑架，支撑架平行设于固定架之间，其支座上等间隔设有凹槽；固定架的横梁间隔设有与所述凹槽相匹配的挂钩。

在开展电晕笼可听噪声试验时，将测量探头固定在电晕笼上并可快捷、方便地调整其方向和距离是个重要问题。本项目研制的测量探头固定架为一竖直设置的长方形固定件，固定件的上下两端同侧对称设置有弯曲件，其另一侧面中部设有凸台和贯通所述固定件中心的水平连接杆，连接杆通过接头与云台固定，云台上固定可听噪声等测量探头。

新型均压球引线

成果创新点

（1）发明了可用于超高压和特高压环境的内凹形均压球引线，平衡了均压球直径与其表面场强间的矛盾，解决了高压引线上的电晕放电问题。

（2）发明了既可多次重复利用，又能保护导线的高压输电导线存放架。

（3）发明了金属网格上测量探头的自由伸缩和旋转固定支架。

高压输电导线存放架

成果应用推广情况

研制的新型高压防电晕均压球引线，质量小、柔性大，适合于短距离的高压连接。比传统均压球引线表面场强小约2.5千伏/厘米，可广泛应用在各种高压试验场中。研制的高压输电导线存放架，结构简单、存放量大，且能保护导线表面。中国电科院通过应用本成果，节省了导线费用约200万元。发明的安装于金属网格上的测量探头安装支架，已支撑了多个国家电网公司科技项目的实施。

在本项目支撑下，已得出我国具有自主知识产权的超高压和特高压直流输电线路可听噪声预测公式，并已应用于吉泉 ±1100千伏特高压直流线路建设中。

大功率电力电子水冷散热器

国网智能电网研究院有限公司

主创人：乔尔敏、胡晓
参与人：康伟、燕翚、袁蒙、荆平

成果简介

　　随着电力半导体器件的飞速发展，电力电子技术越来越趋向于大容量化和高频化，这一点在电力系统中尤为突出，由此带来的最显著问题是电力电子器件及其装置的高功率密度散热问题。微槽道散热器是一种结构紧凑、热阻低、所需工质流量小的水冷散热器，具有高表体比，能从很小的空间散走大量的热，非常适合高功率密度电力电子装置散热。

　　与现有常规尺寸相比，随着尺寸的减小，惯性力对流动的影响不再占主导地位，而表面效应的影响逐渐凸显，包括槽道表面粗糙度、流体黏度和表面张力等，都对微槽道中的流动传热特性有至关重要的影响，而此类规律尚未得到充分认识。

　　本项目研制了用于大功率IGBT散热的新型微槽道散热器，实施的关键技术如下：充分考虑工质在散热器内流动阻力分配均匀问题，完成结构设计，确保快速高效散热；对加工过程进行有效冷却，确保微尺度加工精度；采用双面加热及MIG焊接技术，最大程度地消除了应力，避免了散热器形变。

微槽道散热器的测试

　　此外，本项目搭建了大功率微槽道水冷散热器测试平台对其散热效果进行试验验证，结果表明，微槽道散热器可在高功率前提下维持冷却面温度在安全工作范围内，且随着流量的提升还能进一步提高散热量。

 **成果创新点**

本项目研制的微槽道散热器具有体积小、散热效率高的特点，基本解决了存在局部热点的高热流密度电力元器件的散热要求，提高了元器件的工作稳定性和可靠性，大幅度提高元器件输出功率，降低了总体成本。

微槽道散热器在电力电子模块中的应用

 **成果应用推广情况**

本项目针对电力系统中电力电子装置高频大容量这一发展趋势，通过一系列自主知识产权成果，解决了装置热流密度集中的问题，提高了核心器件使用效率，大大增强了装置的可靠性、稳定性。该技术可广泛应用于大容量STATCOM、UPFC等，不仅可以节约装置生产成本，更可使装置占地面积大大压缩，节省工程造价。目前，本成果已应用于中电普瑞科技有限公司35千伏Y型连接STATCOM（容量±60兆伏安）装置，有效降低了水机功率，同时减小了模块体积，降低设备的整体造价。

直线杆组合式绝缘横担

国网湖南省电力有限公司娄底供电分公司娄星区供电支公司

主创人：唐军、严成

参与人：周海强、赵志鸿、石其祥、王进

成果简介

★★★★

  由于配电线路设备使用年限久，设备老化，特别是农电线路单回线路，大量直线杆塔横担锈蚀严重，需要及时进行更换。然而现有的带电作业工器具中，更换直线杆横担的工器具相对较少，基本上采用的是一体式单边临时绝缘横担开展带电更换直线杆横担的工作。通过调查及实际使用，一体式单边临时绝缘横担重量大、安装困难，造成检修人员劳动强度高、带电作业时间久、效率不高、安全系数低等问题。

  针对上述问题，通过工具革新，本项目研制出一种操作简易，灵活稳固的带电作业工器具，来降低作业人员劳动强度，提高带电作业工作效率和安全系数。

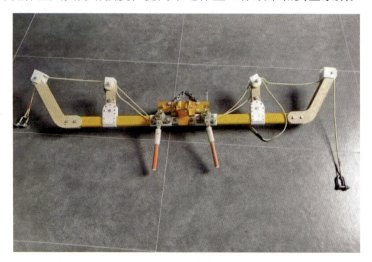

直线杆组合式绝缘横担

成果创新点

1.工具型式方面

本创新成果采用组合式结构，在使用时，可按照组装顺序逐个安装，操作简易，降低劳动强度

2.产品材质方面

同时使用绝缘材料和金属材料制成，能够满足带电作业工器具对机械性能和绝缘性能的双重要求。

3.操作使用方面

采用绝缘棘轮扳手及绝缘蚕丝绳组合的方式，通过棘轮原理，作业人员可轻松提升导线，降低劳动强度。

成果应用推广情况

本成果结构简易，安全灵活，使用方便，能够安全、有效地提高带电作业工作效率，经省公司推广，在各地市公司不停电作业班进行了推广应用。

10千伏配网带电作业用空气旁路开关

国网江苏省电力有限公司常州供电分公司

主创人：何建军、张国富
参与人：纪良、董建国、朱辉

成果简介

为了满足与日俱增的混合型配电线路的作业需求，本项目研制出一种10千伏配网带电作业用空气旁路开关，突破了以往开关开断、关合容量小及分合不可视的技术瓶颈，保持了体积小、重量轻、操作简易的优点。本成果对开关的消弧装置和操作机构进行了重新设计，重点提高额定电缆充电开断电流性能和额定线路充电开断电流性能，引入快速分合闸功能，实现了开关快分快合、开断较大容性电流的技术要求。此外，本成果同时实现了开关分合闸功能一体化和分合可视化，有效解决了旁路架空线路、电力电缆，以及断、接带电线路过程中的消弧问题，为混合型配电线路带电作业的顺利开展提供了技术与装备的支撑。本成果填补了本领域的技术空白，打破了国外相关产品的技术壁垒，促进了配电线路带电作业技术的进步。

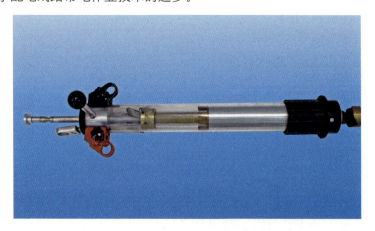

10千伏配网带电作业用空气旁路开关实物图

⚙️ 成果创新点

（1）国际上首创分合闸弹簧同轴的纵向结构离合器，实现分合闸功能一体化。

（2）研发灭弧室内锯齿台状圆形结构静触头，大大提高吸弧能力。

（3）首次研发锁止机构，解决储能弹簧强度与短时耐受及峰值耐受电流间的冲突。

（4）小型化设计灭弧室及操作机构，使设备便捷、轻巧。

（5）可视化设计，使动触头动作情况及动静触头啮合状态可见。

10千伏配网带电作业用空气旁路开关现场应用

🔗 成果应用推广情况

本成果重量轻、体积小、携带方便、动作可靠、分合可视且实现了分合功能一体化，具备创造性、新颖性和工业实用性，成果整体技术处于国际领先水平，填补了国内外技术空白，为混合型配电线路带电作业的顺利开展提供了支撑，提高了配网带电作业的覆盖范围。目前本成果已在全国推广应用，显著提高了带电断、接空载架空线路的作业效率和安全性，提高了供电可靠性。

一体化防脱落接地线快捷装拆
成套电动装置

国网浙江省电力有限公司杭州市富阳区供电公司

主创人：何颀

参与人：陈彪、郑怀华、楼眉之、丘扬、仲从杰、张伟峰、孔仪潇、方旭峰、
　　　　周效杰

 成果简介

　　随着电网建设提档升级、新型电力系统加快构建，电网工程数量持续上升，现场作业安全要求提升。其中，电力停电施工作业中需要大量使用接地线，而传统"鸭嘴形"导线夹和"半圆形"导线夹接地线存在操作费时费力、装设不可靠等缺陷。国网杭州市富阳区供电公司有针对性地开展了一体化防脱落接地线快捷装拆成套电动装置的相关研究工作。

　　一体化防脱落接地线快捷装拆成套电动装置主要由接地线快捷装拆电动装置、防脱落导线夹两个部分组成。该装置通过引入电动操作机构，用电机带动接地线操作绝缘杆转动，相较于常规的接地线手动操作项目，实现减少接电线挂设时间和工作人员体力消耗，提升工作效率的目的。10千伏线路停复役操作，若采用传统方式操作接地线，每次停役加复役操作平均时间12分钟；若采用电动装置，操作平均时间为7分钟，节省5分钟，效率提升了42%。装置导线夹采用排钉式接口，能够在装设过程中牢牢卡住导线或母排使两者不易滑脱，同时减少接地电阻，极大地提高了装设成功率和可靠性。经国家电力器材质检中心安全检测，防脱落导线夹装设的接地线直流电阻为0.79欧姆/千米，普通导线夹装设的接地线直流电阻0.98欧姆/千米。

　　在电网作业过程中配置该装置，减少操作人员的体力消耗，

一体化防脱落接地线
快捷装拆成套电动装
置工具箱

大幅提高导体端装设的一次性成功率，增加了接地线装设可靠性，提升了工作效率和现场作业安全，显著提升了供电服务质量。

💡 成果创新点

（1）基于永磁无刷直流电机驱动技术，提高接地线装设效率。

（2）采用排钉式咬合加固技术，提高装设牢固度。

（3）采用自动保护技术，实现装置和人员的双重保护。

（4）采用快接套筒技术，固定接线操作绝缘杆底部和电动装置的连接。

导线夹

电动机构

🔗 成果应用推广情况

电网中接地线数量庞大、操作频繁，本装置结构简单，效果显著，适用于0.4千伏至220千伏间各个电压等级输变配各专业和各类导线，适用运行、检修、施工、客户各类人员的操作。成果在国网浙江省电力有限公司双创中心转化为电力产品，并入选国网商城超市化采购目录，装置在国网范围内推广应用，转化后产品销售额达到300万元。

使用该装置减少了运维人员手动拧绝缘操作杆的操作量，提高了导体端装设的一次性成功率，极大地减少了操作人员的体力消耗，特别是在连续装拆多个接地线的过程中优势尤为突出，对避免因疲劳操作而引起的注意力分散意义很大，安全价值很高。

面向能源计量物联网的微功率
无线关键技术

国网北京市电力公司电力科学研究院计量中心

主创人：李国昌

参与人：李海涛、吴小林、宋玮琼、李冀、羡慧竹、刘恒、李蕊、赵成、
步志文

📋 成果简介
★★★★

　　能源被喻为国民经济的动脉，为支撑国家"十三五"规划中智慧能源发展战略实施，提升综合能源服务智能化、互动化水平，国网北京电力积极开展研究，首创性地将微功率无线通信技术应用于综合能源计量物联网领域，涵盖多种能源计量数据，满足集约化、多元化的使用需求。本项目成果促使用电信息采集从人工抄表、人工插卡购电的传统"旧模式"跨越式地发展为远程自动抄表、远程电费下发、停电事件主动上报、电能质量实时监测的"新时代"。不仅大大节约了成本，而且提高了抄表准确性、实时性，同时依托项目成果延伸设计开发"掌上电力"等手机App，在我国电力行业率先构建了"以客户为中心"的"互联网＋营销"服务模式，明显改善了客户用电服务体验，大幅提升电网运行效率。在其他能源计量数据采集方面，以广泛分布的电表为接入点，实现多种能源表计、监测传感器、智能移动作业终端等设备的数据通信，达到资源共享共用，建设节约型社会的目标。

主要设备及应用

💡 成果创新点
★★★★★

项目将微功率无线通信技术应用于能源计量物联网，研发了微功率无线通信芯片、通信模块和测试系统，取得5项技术创新；项目研究成果总体技术达到国际先进水平，其中微功率无线互联互通测试系统和低功耗高速唤醒机制方面已达到国际领先水平。

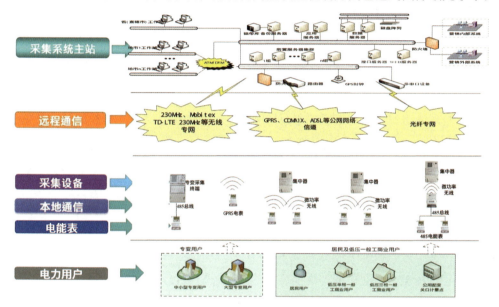

系统架构图

⋌ 成果应用推广情况
★★★★

项目成果在北京地区构建了灵活、高效、可扩展的综合能源计量物联网，覆盖电力客户超800万户，水表、燃气表客户超10万户，数据采集成功率、购电下发成功率从96%提升至99%以上，购电下发平均时长小于7分钟。本项目三年累计节约成本1.48亿元。项目获得授权发明专利11项，实用新型专利4项，集成电路布图1项，形成国家标准在内的技术标准4项，专著2项，发表论文10篇，经济效益和社会效益显著。

输变电设备带电检修机器人

国网湖南省电力有限公司超高压变电公司

主创人：夏增明、严宇

参与人：李稳、李金亮、易子琦、隆晨海、任子俊

成果简介

　　高压输电线路与变电站是保证电力持续稳定供应的核心环节，传统的运维检修工作依赖人工，存在工作强度大与安全风险高的不足，因此研制系列电力作业机器人开展检修十分重要。在湖南省重点研发计划资助下，本项目攻克了电力特种作业机器人的三大核心技术难题，研制出特高压绝缘子检测机器人，高压输电线路紧固引流板、更换防振锤、辅助更换悬式绝缘子机器人和变电站巡检机器人等成套装备。

　　项目成果已在国网湖南电力、广东科凯达机器人公司等全国多家企业投入运行，有力地改变了我国电力工业检测与维护装备落后，长期依赖人工作业的现状。项目成果累计实现产值1千多万元，取得了重大的经济社会效益。技术成果经由4名院士领衔的专家组鉴定为国际领先水平，为经济社会的快速发展和人民生活水平的迅速提高作出了贡献。

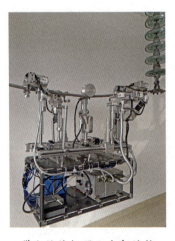

带电检修机器人内部结构

成果创新点

★★★★

（1）灵巧作业机构设计。

（2）复杂环境感知与自适应控制。

（3）机器人自主控制技术。发明并研制出特高压绝缘子检测机器人，高压输电线路紧固引流板、更换防振锤、辅助更换悬式绝缘子机器人和变电站巡检机器人等成套装备。

带电检修机器人带电更换防振锤

成果应用推广情况

★★★★

项目成果已在国网湖南电力、南网超高压南宁局公司、广东科凯达机器人公司等全国多家企业投入运行，有力地改变了我国电力工业检测与维护装备落后，长期依赖人工作业的现状。

移动终端安全接入及管控装置

国网山东省电力公司山东鲁软数字科技有限公司

主创人：张俊岭

参与人：邓昊、卢立生、牛永光、杨运朋、曹瑞敏、姚亚敏、周坤、陈贵峰、马庆法

📋 成果简介

　　移动终端安全接入及管控装置，统一管理和监控全量内网移动终端、各专业移动应用，可提供"统一安全接入、统一身份认证、统一策略配置、统一版本控制和统一安全加固"管理模式，提供"统一运行监测、统一安全加密、统一策略控制、统一异常预警"技术能力。本成果设计高性能，拥有高并发数据传输网闸，单设备支持1万点并发，最大网络吞吐量达4Gbps，可兼容全网通、4G网络，满足高清视频、瞬时高并发监测设备的接入需求；内置高强度安全加密芯片/卡，全面兼容安卓系统、Windows系统、嵌入式系统等不同终端设备接入。功能上突破安卓操作系统的底层限制，实现对移动终端Wi-Fi、蓝牙和热点等外设功能的灵活禁用、开启以及黑白名单限制等，提升了移动终端的安全防护等级。保障移动终端稳定可靠安全运行，为全省移动应用建设和运维提供有力支撑。

移动终端安全接入及管控装置——隔离网闸部分

成果创新点

（1）应用细粒度端口访问控制，确保每台接入终端仅能获取有限的访问权限，从根源上杜绝了"一网在手、全网都有"的网络权限管理模式。

（2）全面支持国密算法链路加密，实现对接入数据及传输链路的实时加解密传输。

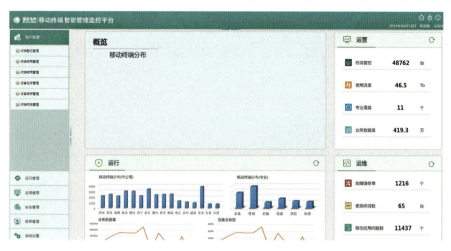

终端运行监测

成果应用推广情况

截至目前，本成果已全面覆盖全省各单位，运检、营销、人资等9个专业，累计纳管46套移动应用，完成35套安全接入节点部署，实现4.4万余台移动终端、7500台高清智能摄像头、1.5万台营销缴费终端、8800台配网监测装置及巡视机器人的高效接入，有效支撑各类终端设备的数据高效交互，累计病毒查杀1.5亿余次，发现并隔离告警操作600余次，完成移动终端安全加固30.7万余次。此外还推广至重庆、山西、冀北等6个网省，累计产生销售额4000余万元。

1250平方毫米大截面导线施工工艺及配套机具

河南送变电建设有限公司

主创人：李林峰
参与人：刘建锋、马守锋、闫安、徐飞、高晓莉

成果简介

本项目主要通过对1250平方毫米级大截面导线施工架线专用工器具和大截面导线张力架线施工工艺进行研究，为大截面导线的推广使用提供可靠的工器具和相应的施工工艺，保证施工安全，提高施工效率。大截面导线施工配套的工器具主要有：大吨位放线架、轻型卡线器、大吨位地锚、接地型安全放线滑车、专用挂具。

接地型安全滑车

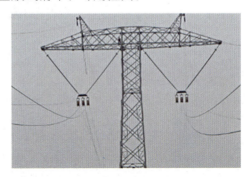

滑车专用挂具工程

成果创新点

大吨位放线架采用液压驱动，实现了大吨位导线盘辅助启动和双重制动；轻型卡线器采用偏心轴式结构和新型材料，实现了卡线器的轻型化；接地型安全放线滑车采用了导电轮横向移动触碰机构，保证导线架设全过程的可靠接地；额定荷载130千牛的钢结

构地锚，满足了较差地质条件下的使用要求；滑车专用挂具采用整体联板结构，实现了多滑车等高悬挂，保证了多根子导线展放应力一致。

大吨位放线架工程应用   轻型卡线器

成果应用推广情况

本成果在 ±800 千伏灵州—绍兴特高压直流输电线路工程和酒泉—湖南 ±800 千伏特高压直流输电线路工程中得到成功应用，保证了1250平方毫米级大截面导线施工质量和施工安全，减轻人力劳动强度的同时，缩短了施工工期，提高了工作效率，降低了工程施工成本，为安全施工提供了有力保障。

研制成果1250平方毫米大截面导线施工工艺，有利于规范1250平方毫米大截面导线的施工作业，通过配套工器具的使用从而降低施工成本，降低劳动强度且提高工作效率，对提高线路施工的机械化水平具有极大的促进作用。

多功能智能防汛挡板系统

国网江苏省电力有限公司扬州供电分公司

主创人：高晓宁

参与人：孙国娣、陆子俊、张春燕、朱健、孙叶旭、刘颖、王梦超、王琦、
　　　　陆维希

成果简介

　　多功能智能防汛挡板系统，运用新型成套高强度、严密封阻水挡板，与智能控制系统等共同构成智能防汛系统能有效阻止外来进水和高效排除外来进水，做到进水即排，确保电房内无积水从而达到不淹水，实现无人值守场所的远程水位在线监测、排水系统的自动控制、积水水位的信息预警、排水系统的状态通知，达到"高效、智能"的防汛目标。

自动预警排水装置

成果创新点

　　（1）一物多用，功能多样化。小区配电室、变电站门口都会安装防鼠挡板，该项目将原有的防鼠挡板更换为铝合金防汛挡板，一物多用，常态做防鼠挡板使用，汛期则成

为防汛的第一道防线。

（2）简单高效，防汛清洁化。采用高吸水树脂、锁水剂等环保材料研制吸水膨胀袋，易于储存和搬运，遇水后3-5分钟，重量增加80倍，体积扩大10倍，适用于电缆沟等无法安装挡水板的部位，以水阻水，实现防汛清洁化。

（3）预警控制，系统智能化。研制的防汛预警系统实现了设备自检、汛情检测、自动排水、汛情发送、远程实时监控、人工干预等功能。系统全过程实现全自动控制，自动开启、短信通知等关键环节为毫秒级，确保实时掌握站房汛情，为防汛赢得宝贵时间，真正做到了防汛抗洪的自动化、智能化。

吸水膨胀袋

多功能防汛挡板

成果应用推广情况

系统研发成功投放市场至今六年多，已经在江苏省所有地市公司广泛运用，销售额已逾4000万元。同时，借助于优秀成果转化，很多省外电力公司对本产品有了一定的了解并产生了浓厚的兴趣，目前已在山东淄博、菏泽、济宁，上海青浦，安徽合肥等市县公司开始使用；还在天津恒隆广场、厦门大学、广州广之旅、上海城投原水公司、温州排水公司等系统外企事业单位应用，完成了接近200万的合同。

特高压交流输电线路耐张导线侧
绝缘子带电更换工具

国网湖北省电力有限公司超高压公司输电检修中心

主创人：胡洪炜

参与人：汤正汉、闫宇、刘继承、郭景武、王星超

成果简介

　　若需对特高压水平耐张双联或四联绝缘子进行带电更换，必须有一套安全适用的带电作业工器具，经查阅有关资料，目前国内外还没有带电更换特高压水平耐张双联或四联导线侧绝缘子的工具。本成果在世界首次完成了特高压耐张导线侧水平四联绝缘子带电更换现场操作，是特高压带电作业应用技术领域的重大突破。

　　本绝缘子更换工具，具体涉及一种特高压水平四联耐张导线侧绝缘子带电更换工具，包括：可放置于绝缘子钢帽上的闭式卡，铰接于闭式卡两端的两个液压丝杆；两个液压丝杆分别连接的单插板，其中一个单插板可固定于L联板上，另一个单插板铰接于大刀卡的一端；所述L联板上设有与所

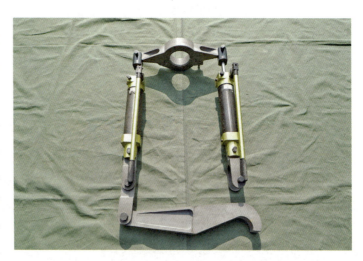

带电更换 1000 千伏输电线路耐张导线侧绝缘子工具

述挂钩相配合的固定装置，所述大刀卡的另一端设置有一挂钩。该工具成本低，操作工艺简单，安全可靠，能够实现任意片绝缘子的更换，解决了特高压交流输电线路耐张导线侧绝缘子带电更换的难题。

💡 成果创新点

★ ★ ★ ★

本成果设计了一种绝缘子带电更换工具，能用于带电更换特高压输电线路耐张串导线侧1~3片绝缘子。为了大幅降低卡具重量，增加卡具强度，闭式卡、单插板、大刀卡均由钛合金材质制成，液压丝杆也采用高强度液压丝杆。

特高压水平四联耐张导线侧绝缘子带电更换工具安装图

🔗 成果应用推广情况

★ ★ ★ ★

本成果已被广泛应用于特高压线路带电作业检修上，并填补了我国特高压输电线路耐张串导线侧1~3片绝缘子带电更换应用技术上的空白，对解决特高压线路带电作业检修，保证特高压带电作业的安全、可靠，提高线路检修效率，保证设备的健康水平起到了巨大的作用。

电网大频差扰动下频率分析及多源协调控制技术

南瑞集团有限公司（国网电力科学研究院有限公司）

主创人：李兆伟
参与人：刘福锁、吴雪莲、夏海峰、朱玲、李威

成果简介

　　我国已建成世界上规模最大的特高压交直流混联电网，有力支撑了国家能源资源的优化配置。随着特高压直流输送容量的不断提升，以及新能源的快速发展，电力系统电源结构发生重大改变，特高压直流发生闭锁等严重故障后会造成大容量功率缺额，易引发频率越限甚至稳定破坏。故障条件下系统频率的准确分析及协调控制已成为保障电网安全稳定的关键问题。

　　本技术成果针对特高压直流多馈入电网面临的实际频率安全风险，从电网的频率分析、控制装置研制及协调控制策略制定等方面开展了技术创新工作，支撑电网频率紧急控制整体解决方案实施，显著提升了大频差扰动下电网频率仿真分析的精确性，提高了稳控装置识别直流故障的可靠性，实现了直流故障暂态过程功率损失量的准确计算，提出了多资源协调控制方法及计及控制响应时间的两段式频率安全紧急控制策略搜索方法，提高跨区直流控制资源的利用效率及效果，保障系统大频差扰动下的频率安全稳定水平。

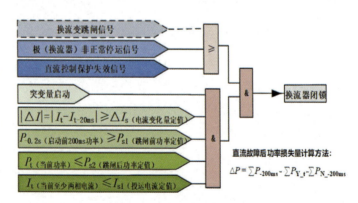

直流故障功率损失量计算方法

○ 成果创新点

（1）提出了大频差扰动下计及机组调速器限幅的系统频率解析分析技术和计及原动机锅炉主蒸汽压力变化的频率时域仿真技术。

（2）提出了综合多信息源的直流故障判别方法及功率损失量精确计算技术。

（3）提出了计及直流实时提升能力的多直流动态协调优化方法。

（4）提出了计及控制响应时间的两段式频率安全紧急控制策略搜索方法。

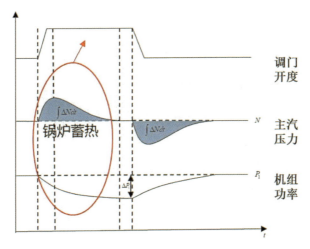

考虑锅炉主汽压力变化的一次调频特性分析

○ 成果应用推广情况

基于本成果构建了华东电网频率仿真的工程实用化模型，形成了华东电网频率仿真的工程标准，支撑了华东电网频率紧急协调控制系统研发，制定了华东电网多直流协调控制策略。华东频率协控系统投运后，使得华东电网能承受的单回直流功率由490万千瓦提升至805万千瓦。在2017年5月24日的锦苏直流闭锁功能验证试验中，华东频率协控系统正确检测到直流故障，并准确计算获得功率损失量，频率实测结果与仿真计算结果基本一致。本技术成果已在我国特高压直流落点省级及大区电网的频率协控系统策略制定中推广应用，实现约3亿元的销售收入和1.2亿元利润。

95598 疑似停电预警技术

国家电网有限公司客户服务中心

主创人：李玮、信博翔

参与人：黄秀彬、刘旭生、张莉、朱克、邓艳丽、张晓慧、刘勃、喻玮

成果简介

国网客服中心作为国家电网公司统一客户服务窗口，承接全网27家单位，26个省（市）自治区用电客户用电业务，年均接入电话1.4亿通，故障报修业务占总业务量40%以上。在实际运营过程中当突发区域性故障引起的话务峰涌时，缺乏有效分析技术精准研判故障，为中心和省公司服务带来很大压力。

针对以上问题，项目团队充分发挥渠道贯通和数据信息融合优势，开展故障停电预警服务模式创新研究，依托基于95598业务支持系统、营销和采集系统，采用聚类分类、大数据分析等技术，对历史报修工单信息、区域停电信息、用户档案信息、设备台账数据、95598工单等海量信息进行加工，基于营配贯通成果，通过设置监测目标、时间、区域等相关参数，构建故障停电预警模型，形成了"信息、预警、措施"三位一体的服务模式，实现区域故障突发后快速响应，为客服专员和省公司提供准确和有效的服务支撑。

技术实现原理

成果创新点

（1）区域故障精准定位，通过客户电话、地址、户号、历史工单、客户档案信息等数据，95598及网上国网秒级定位客户故障原因和故障地点。

（2）重复报修合并智能提醒，系统获取数据中台分析结果，自动定位客户停电原因，匹配用户所在区域是否存在重复报修工单，自动弹出重复报修合并提示。

（3）停电预警智能分析，系统主动生成预警分析信息，自动推送至信息处理部门开展预警信息分析，经综合研判后设定该预警信息为确认或解除状态。

"信息、预警、措施"三位一体的服务模式

（4）故障信息实时传递，95598业务系统将生成的停电预警信息实时传递至市（县）公司抢修部门，支撑市（县）抢修人员故障研判和主动抢修工作。

成果应用推广情况

成果应用范围包括国网客服中心所属南（北）分中心9个客服部和27家省（市）公司，有效支撑一线客服专员和省公司工作。客服中心客服专员停电类工单人均业务受理时长降低11%，故障报修一次办结率提升近7个百分点；省公司年均减少无效派工18万次，有效缓解基层处理压力，抢修服务平均用时降低近24%，抢修到达现场用时缩短3%以上，客户服务处理满意度提升1.38%，支撑国家电网公司提升"获得电力"服务水平。本成果可推广至水、气、暖、通信等公共服务行业。

智能配电网动态防雷技术

国网江苏省电力有限公司苏州供电分公司

主创人：童充

参与人：徐洋、项敏、华夏、周力、柏筱飞、吴越涛、吴博文

📋 成果简介

　　本技术成果是一种基于雷电探测、分析预测的主动型防雷技术，用于提升雷电气候下的人身安全、生产安全和雷害应对能力。一方面提出并开发了雷电广谱传感技术，通过对多种类型的雷电空间辐射信号进行采集识别，实现了对雷电的广谱探测技术；另一方面提出并开发了基于雷电跟踪的电网多维联合预测技术，通过研究雷电气候下的可再生能源预测、雷电敏感负荷预测、电网稳定性分析预测，实现雷电气候下的多维联合预测技术。

　　2017年5月，在苏州上线动态防雷监测预警系统，探测范围覆盖苏州全区域。通过对多种类型的雷电空间辐射信号进行采集识别，当年获取并处理雷电数据100万条以上，探测到雷电放电10万次以上，核心区域探测效率99.9%。

　　本技术成果适应于未来气候变化趋势，构建了基于实时探测跟踪的动态防雷技术体系，可提升雷电气候条件下电网安全和稳定性，支撑地区智能电网建设和社会经济发展。基于本成果的研究项目获得发明专利授权30余项，发表科技论文20余篇。本研究成果获中国电机工程学会"整体处于国际领先水平"鉴定。

雷电探测装置

💡 成果创新点
★★★★

（1）提出并开发了雷电广谱传感技术，通过对多种类型雷电空间辐射信号进行采集，实现了对雷电的广谱探测。

（2）提出并开发了基于雷电跟踪的多维联合预测技术，通过研究雷电气候下的可再生能源、雷电敏感负荷、电网分析预测，实现雷电的多维联合预测技术。

动态防雷预警平台

✧ 成果应用推广情况
★★★★

基于本成果的雷电监测预警系统自2017年上线至今运行良好，年处理数据量达百万级，助力提升雷电防护水平，取得了较好的经济效益和社会效益。此外，以该技术成果为基础的"雷震子计划国际合作"获得国际学术领域的高度认可。

输电线路耐张绝缘子检修关键技术
提升及其配套装置

国网浙江省电力有限公司金华供电公司

主创人： 洪行军
参与人： 程拥军、李策策、陈吟、崔建业、毛水强、申刚、张宁姝、盛星烁

📋 成果简介

耐张绝缘子检修的导地线挂设接地线、攀爬绝缘子、更换自爆绝缘子环节，所使用的工器具普遍存在安全可靠性低、适用性差、工作效率低等问题。国网金华供电公司经多年潜心研发，研制出一套"输电线路耐张绝缘子检修关键技术提升及其配套装置"，在提高输电线路耐张检修现场作业安全性和现场作业效率方面具有重要意义。

在挂接地线环节，针对耐张转角接地线挂设困难问题，提出远距离自由角度挂设技术，首创自由旋转平台结构和瓶盖式连接结构，研制了耐张绝缘子挂设接地线装置，实现了任意耐张转角接地线的安全可靠挂设。

在攀爬绝缘子环节，针对攀爬耐张单串绝缘子作业人员易翻落问题，提出小力矩攀爬技术，首创双C型定位座结构，研制了耐张单串绝缘子安全攀爬装置，实现耐张单串绝缘子安全攀爬，该装置还适用于攀爬超特高压绝缘子。

在更换绝缘子环节，针对更换自爆绝缘子环节存在的工效低等问题，提出分段托瓶技术，首创了分段托平架等结构，研制了耐张绝缘子便捷更换装置，实现高效率耐张绝缘子更换。

项目成果通过了科技查

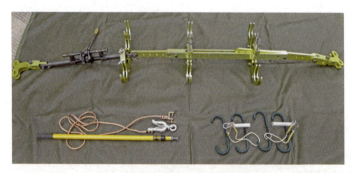

输电线路耐张绝缘子检修关键技术提升及其配套装置所含的三套实物装置

新并经权威检验评测，获得三项CNAS认证，获得电力行业协会评审专家的高度认可并取得技术成果鉴定书。

成果创新点
★★★★

　　本成果研制了导地线长距离挂设接地装置，首创线夹自由转动平台结构和瓶盖式钩环连接结构；研制了耐张绝缘子安全攀爬装置，提出小力矩攀爬技术，创新性研发了双C型定位座结构；研制了耐张绝缘子便捷更换装置，创新提出齿轮增力丝杠、托平架、可调紧线杆等结构。

耐张绝缘子挂设接地线装置现场使用照片

成果应用推广情况
★★★★

　　本成果自2017年研发成功以来，首先在金华市输电检修工作中试点应用，截至目前已在浙江、湖南、四川、甘肃多地的输电线路检修工程中推广应用。现场反馈本成果有效提升现场工作效率，提高作业安全性和装置的适用性，切实有效解决现场问题。全国输电线路耐张检修设备存在共同性，成果极具推广价值，近三年累计新增销售额1712.25万元，新增利润730.39万元。

变压器顶部检修安全带固定装置

国网山东省电力公司济南供电公司

主创人：康庆奎、李晓磊
参与人：刘家豪、王伟建、朱永超、于一鸣、苏娜、杜嘉寅、马庆法

📋 成果简介

在变电站现场作业中，变压器顶部通常距地面高度在3米以上，属于高处作业。根据安规要求："高处作业必须正确佩戴安全带，安全带应挂在结实牢固的构件上，并采用高挂低用的方式。"然而由于变压器的特殊结构设计，难以找到满足"高挂低用"要求的安全带挂点，安全带无法有效保护检修人员人身安全。

国网济南供电公司变电检修人员针对这一安全盲区，提出以变压器顶部通用的散热片吊鼻为支撑点，设计安装一种安全带固定装置。整套装置由底座、立柱、定滑轮三部分组成。以变压器散热片的吊装鼻为基础受力点，安装装置底座，在底座上固定带有定滑轮的金属立柱，利用立柱在空中架设起高强度钢丝绳，提供安全带的有效挂点。制作过程中，通过"一槽一板"保证底座牢固、"一正一反"保证立柱平衡、"一紧一锁"保证钢丝绳承力。

经权威检测，装置可承载不小于2千牛坠落冲击载荷、不小于12千牛静负荷载荷。目前已在国网山东电力系统内广泛应用，彻底消除了变压器顶部的安全盲区。

变压器顶部检修安全带固定装置标准化包装

成果创新点

（1）以变压器顶部通用的散热片吊鼻为支撑点，使装置适用于不同厂家不同型号的变压器，确保装置通用性。

（2）基于U型板固定与绳索双向牵引的受力平衡系统，确保装置支柱与钢丝绳索稳定，确保装置安全性。

变压器顶部检修安全带固定装置现场应用

成果应用推广情况

装置从本质安全的角度出发，消除了变压器顶部作业的安全盲区，改善了变压器顶部作业人员的工作环境，有力促进全行业健康稳定发展。

通过线下推介会及线上"零购"的形式对装置进行推广应用，2020—2023年，共计销往国网山东电力18家地市公司及支撑单位55套，装置在各家公司变压器检修工作当中得到使用，有效提升检修效率，共计减少停电时间336小时。

新能源场站紧急态信息全景化智能感知控制技术

国家电网有限公司西北分部

主创人：牛拴保、柯贤波
参与人：霍超、张钢、任冲、魏平、卫琳、孙宁、罗皓

成果简介

大规模开发新能源与特高压直流是践行"双碳"国家战略的必由之路。然而，现阶段新能源的安全管控与常规电源存在较大差距，感知手段不足，控制手段少且粗放，难以适应高占比新能源外送区域电网安全稳定运行控制要求。

项目提出了新能源场站紧急态信息全景化智能感知和控制技术，研发制造相关装置与系统平台。通过新能源事故前、事故中、事故后的全过程状态感知，实现新能源故障过程实时跟踪、新能源精益控制、可控资源池监视、多频振荡监测功能。

一是为满足高占比新能源电网紧急控制需求，首创提出了包含新能源故障实时跟踪及精益化控制功能的通用化全景监视与控制体系架构，实现新能源场站感知控制能力全面提升。

二是通过机组感知终端以毫秒级的速率采集机组在故障全过程中的高、低电压穿越、脱网、等动态信息并通过边缘计算技术分层、分级汇总，实现新能源运行状态的精准掌握。

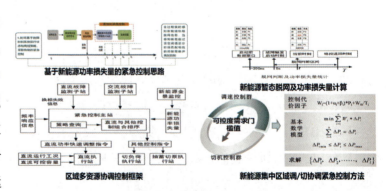

系统整体架构与技术路线

三是首创提出了新能源场站分层分区协调的机组级精益化切机技术，通过动作策

略、分配原则及控制颗粒度的优化匹配，实现新能源场站紧急状态下的精益化机组级控制。

四是构建多频振荡在线监视与分析系统，在线分析振荡监测数据，实现宽频带振荡在线监视、定位、分析、案例管理功能。

💡 成果创新点
★★★★★

首创提出了包含新能源故障实时跟踪及精益化控制功能的通用化全景监视与控制系统，通过分层分级与区域自治的信息采集架构，实现了机组级紧急态信息全景化智能感知与控制，在实现新能源机组可控能力兆瓦级精确评估与百毫秒级精确控制，有效增强电网应对复杂故障的能力，为新能源规模化发展与高效利用提供标准化、平台化的安全保障系统。

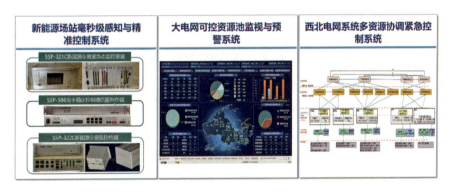

全套装置装备与系统平台

✕ 成果应用推广情况
★★★★★

装备广泛应用于西北电网300多座新能源场站，参与精准控制新能源规模已达千万千瓦，有效保障了特高压直流安全稳定运行，在十余次直流闭锁故障中均正确动作，在保证电网安全稳定运行的同时有效避免常规火电机组切机带来的次生影响，累计提高昭沂、祁韶等特高压直流输送功率120万千瓦，增发新能源电量超50亿千瓦时，为西北地区绿色低碳高质量发展与清洁电力支援全国电力保供大局提供技术支撑。

现代供电服务体系下供电服务监督关键技术

国家电网有限公司客户服务中心服务质量管理部

主创人：王宗伟、赵郭燚
参与人：卜晓阳、苏媛、武鹏、金鹏、汪莉、冉晶晶、郭晓芸

成果简介

供电服务工作定为公司业务的重要组成部分，随着经济社会的快速发展，业务数量日益增长，工作差错、指标异常等经营风险更加突出。故深化供电服务监控体系建设，建立覆盖全专业、全流程、全维度的供电服务监督新体系，全面加强营销业务管控的需求已日趋迫切。

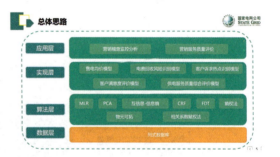

总体思路

本研究成果通过智能语音转写、自然语言理解、深度学习等人工智能语音识别技术及大数据分析模型在95598质检、供电服务分析和营销稽查工作中进行应用，促使国家电网公司对内不断提升稽查水平，提高营销服务质量；对外不断提高客户服务体验与满意度水平。

本课题利用列式数据库对电力营销业务数据进行挖掘，基于MLR及PCA模型对售电均价进行分析，对营销业务现状进行综合研判，推动营销精益化管理。同时利用新词发现技术研究客户咨询热点，识别客户诉求，基于对大量文本信息的处理及挖掘分析，利用决策树算法对供电服务满意度影响因素进行识别，构建了一套有效的客户满意度影响因素评估体系与验证方法。根据供电服务实际场景特征并结合满意度情况，建立了供电服务质量综合评价的指标体系，引入熵权法与物元可拓模型相结合的评价方法，使得对供电服务的监督及评价更加智能化，从而支撑满意度水平的持续提升。

💡 成果创新点

★ ★ ★ ★

（1）利用列式数据库挖掘电力营销业务数据价值，建立MLR及PCA模型对售电均价进行分析。

（2）针对电力行业语料的新词发现问题，提出了一种融合互信息—信息熵与条件随机场算法的新词识别方法。

（3）通过建立一种可迭代的决策数据评估模型，构建了一种理论完善的客户满意度评估方法。

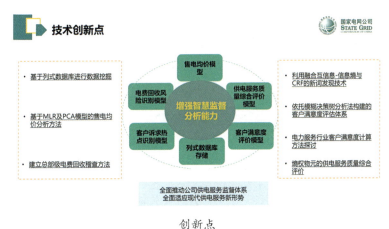

创新点

🔗 成果应用推广情况

★ ★ ★ ★

本成果应用于国家电网公司营销部、国网客服中心及各省公司。国网客服中心拥有全量的营销数据信息和电力客户诉求的第一手数据资料，且所有95598业务由中心统一受理，数据标准统一规范，为本成果应用提供了有力保障。

成果现完成的技术模型已常态性应用于国网客服中心的营销稽查、供电服务分析及客户调查工作分析中，结果数据能有效反映不同网省客户的诉求热点和相关营销风险因素。在营业专项稽查工作中，中心突破传统稽查瓶颈，从数据层面深挖深探，有效地扩大了稽查成效，提升了稽查精准性。在客户满意度分析工作中，多模型支撑业务应用，提高了客户满意度的评估准确性与合理性。

超特高压大截面导线施工用液压紧线机

河南送变电建设有限公司

主创人：高晓莉、景国明
参与人：蔡伟、刘建锋、张浩然、高永战、王爱钦

成果简介

目前输电线路紧挂线施工专用施工装备机械化程度低，存在作业量大、施工效率低、投入人员多等问题。为解决上述问题，研制新型液压式紧线机，能够解决现有机械式机动绞磨和手扳葫芦的缺陷和不足，提高施工工器具的机械化程度，并在一定程度上改善设备的机动性和易用性。液压紧线机主要包括粗紧线液压绞磨和细紧线高空用钢索式紧线器两个作业机构。

液压绞磨为分体式设计，包括汽油机、BDU液压传动系统、集成式卷筒和底盘框架四个单元，通过汽油机带动BDU泵、马达一体化液压传动系统，驱动减速机和集成式卷筒执行机构旋转。作业时，操作控制手柄进行卷筒的正转或反转控制，改变控制手柄摆角调节液压系统流量，进行执行机构双向无级调速和换向，实现架空导线的紧线、松线作业。高空用钢索式紧线器基于液压千斤顶工作原理，执行机构设计为穿心式液压缸，设计楔形卡爪式卡线机构进行钢索锚固。作业时，卡线机构交替卡紧、放松，配合液压缸往复运动，使钢索按液压缸活塞行程进行收放，以此完成导线细调线。

地面用液压紧线机

🔅 成果创新点
★★★★★

本成果采用先进的液压传动技术解决机动绞磨冲击大、工作状态无法连续调整的问题；牵引力保持下的速度调节解决负载工况下设备的动态制动及起动、正反向换向等运动控制难题；穿心式液压缸机构设计解决工器具轻量化问题，并实现紧线作业全过程机械化施工。

高空用液压紧线机

🔗 成果应用推广情况
★★★★★

本成果在山东~河北1000千伏特高压环网线路工程16标、蒙西~晋中1000千伏特高压交流工程线路工程（包4）、乌东德电站送电广东广西±800千伏特高压多端直流示范工程线路工程4标等多条特高压输电线路架线施工中成功应用。使用中设备性能稳定、工作可靠、操作简便、安全性高，比传统机械式绞磨紧线速度快，保养维护和转场方便。设备已累计销售15套，新增产值90万元，新增利润15万元；在6条在建输电线路工程应用，共节约费用约540万元。

基于导线液压压接方式的改进及其展放技术

天津送变电工程有限公司

主创人：黄磊

参与人：王德祥、郭斌、曹正、方学军、饶友平

成果简介

导地线的展放与压接是架空输电线路建设过程中的重要环节，本技术根据现场实际问题，对导地线展放以及压接过程中存在的问题进行深度剖析，针对导地线展放以及压接流程进行优化，有效提高导地线展放施工工艺要求，保证导地线压接质量。

本技术提出一种转盘式常闭合引入引出装置，在传统滑车的立架部分增加旋转开口装置，能够在不打开顶部三角板的前提下，将迪尼玛绳、钢丝绳以及导线从侧面引入或引出滑车。基于"旋转门"原理，设计了同心圆燕尾形结构，实现扇板带动绳索的导入导出功能。本装置能够减少导引绳展放工序，提高分线效率，可推广性较高，进一步优化放线施工工序，降低作业风险。

本技术利用"天平"原理，对目前的压接机进行改进，在液压钳上端横向间隔对称安装平衡轴支架，平衡轴支架安装弹力伸缩装置，利用其卡具对导线以及接续管进行固定。通过平衡装置，保证压接与导线两端的同步均衡，压接精准度高。装置操作方便，能有效控制压接变形，投入成本低，提高压接质量的同时进一步节约成本。

旋转式滑车快速开口装置

成果创新点

（1）旋转式滑车快速开口装置。改进放线滑车的立架部分，增加侧面快速旋转开口装置，在不打开顶部挂板的情况下，可以将迪尼玛绳、钢丝绳、导线从侧面进入滑车轮槽，提高分绳子的效率。

（2）液压管吊装式平衡装置。在液压钳上端横向间隔对称安装两个平衡轴支架，能够有效避免液压管压后弯曲以及扭曲的现象，降低返工率。

旋转式滑车快速开口装置现场应用

成果应用推广情况

项目成果先后应用于西藏阿里联网工程、张北至雄安1000千伏特高压输变电线路工程、陕北至湖北±800千伏特高压直流输电线路、天津双青至吴庄双回500千伏线路工程施工现场，协助各施工现场完成导引线展放与压接工作，逐步替代现有的导引线分线、展放与压接施工工艺。本项目能够充分发挥研究成果的优势，解决了人工展放导引绳的工序环节，提升了工作效率。

中压配电网电能质量多目标综合治理成套装置

国网湖北省电力有限公司电力科学研究院

主创人：胡伟、沈煜

参与人：杨帆、冯天佑、周志强、王文烁、杨志淳、宿磊、甘依依

成果简介

现有的电能质量治理装置，如低压有源电力滤波器、静态无功补偿装置和三相不平衡调节装置，能有效解决低压小容量用户的一类电能质量问题。但以半导体、数据中心、生物医药、精密制造等为代表的高敏感用户，常需同时解决电压暂降、谐波、不平衡等多类问题。针对每类问题分别采用治理设备，既增加成本和维护复杂性，又易因装置间的耦合影响和协调问题，影响联合运行效果。

随着敏感设备数量的增加，高敏感用户的容量不断提升。现有低压供电质量提升装置单体容量一般在50~200千伏安，通过多台并联可达大容量，但多台并联设备间的耦合、环流抑制和协调控制复杂，事件检测和响应时间较长。此外，低压系统传输容量有限，提升设备最大容量一般只能达到2~3兆伏安，无法满足高敏感用户对于大容量的需求，提高电压等级是有效解决方案。为此，国网湖北电科院研发了中压配电网电能质量多目标综合治理装置，能够有效隔离电网电能质量问题对用户供电的影响，有效解决网侧电压短时中断、电压暂降、谐波、不平衡、电压波动及闪变等电网侧多类型电能质量问题，实现为敏感用户

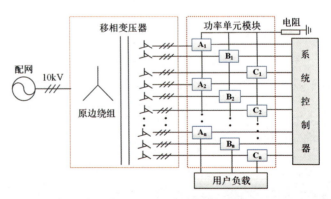

供电质量综合提升装置结构框图

提供连续优于国标的优质电能，为配电网电能质量一站式综合治理和敏感用户优质供电提供了一套全新的解决方案。

成果创新点

★★★★

（1）首次提出并应用了一种含储能的级联H桥多电平拓扑结构和应对不对称电压暂降的参数设计方法，实现了电网和储能供电无缝切换。

（2）首次提出并应用了储能SOC均衡控制策略，实现了储能均衡充放电，延长了储能寿命。

中压配电网电能质量多目标综合治理成套装置

（3）提出了功率单元输出电压波形异常检测方法和功率单元冗余设计，实现了单元故障检测和故障单元快速隔离，提高了装置的可靠性。

成果应用推广情况

★★★★

项目成果在公共配电网中的应用能解决配电网综合电能质量问题，实现连续无间断优质供电。本项目研发了国内首套10千伏、1兆伏安中压配电网电能质量多目标综合治理装置，在武汉中原电子有限公司开展了为期1年的应用，应用期间有效应对电网电压暂降三次，为用户提供了连续的优质电能，共增收节支1043.6万元，取得了显著的经济效益和良好的社会效益。应用效果表明，该装置有效实现了电能质量的综合治理和用户电能质量的有效隔离，为从事高精密仪器研发、生产、加工等业务类型的敏感用户多类型电能质量问题，提供了完美的解决方案，为电网提高敏感用户供电质量提供了一套中压侧集中治理的新方法。

基于数据分析和场景预判的配电网线损率异常治理方法

国网上海市电力公司市北供电公司

主创人：夏澍

参与人：施灵、史媛、李冰若、陈佳瑜、徐迅

成果简介

线损是电网企业重要的经济技术指标，2017年上海电网线损率与国际领先值相差1.76个百分点，相当于每年多损失电量高达数十亿千瓦时，现场排查耗时长、异常定位准确性低、线损模型正确率低制约了线损治理效率。项目团队立足实践持续攻关，在全景故障辨识模型研究、多维判定算法实践和多源离散数据自校正治理三个方面形成突破，提出计量回路全景故障特征的量化模型，构建不同接线方式下计量故障场景集，实现了故障类型、故障特征之间复杂耦合关系的显性建模；发明计量回路故障在线辨识方法，实现了现场排查前的在线辨识故障表计和故障类型；提出多路径综合判定的用户表计计量异常辨识方法，克服了单一路径的局限性；提出多维指标关联模型的台区总表计量异常辨识方法，解决了电流三相不平衡工况下计量异常难以辨识的难题；提出"数据校正＋逻辑校核"的线变表台账信息异常排查方法，快速诊断异常数据；提出多种接线方式下线变表拓扑关联异常辨识方法，消除了现场实际与生产管理系统运行方式的偏差。经中国电力企业联合会鉴定，项目核心技术达到国际领先水平。

计量回路故障在线辨识

💡 成果创新点

本成果发明全景故障辨识的供电侧计量异常诊断技术，实现了现场排查前的在线辨识故障表计和类型；发明多维度判定的售电侧计量异常诊断技术，克服了单一维度的局限性；发明多源离散数据自校正的拓扑关联异常分析技术，实现了台账异常信息的快速诊断。

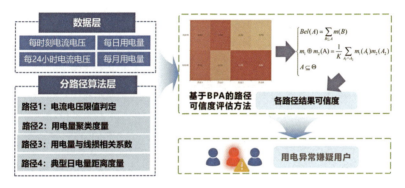

用电异常监测模型

🔗 成果应用推广情况

项目成果在国网上海市北供电公司线损治理工作中试点，母线不平衡率异常排查准确率达到95%以上，现场排查时间从2小时以上缩短到15分钟内；分线线损率异常判断准确率大幅提升，现场排查、确认的工作量减少了80%以上。随后成果在上海地区全面应用，提升线损异常诊断效率和精准施策降损能力，助力2022年上海电网线损率超过国际领先水平。相关技术被部分厂家嵌入和应用到所开发的装置中，推动行业技术发展。

能源区块链服务模式

国网区块链科技（北京）有限公司

主创人：玄佳兴、王栋
参与人：李文健、王合建、郑尚卓、周磊、李江涛、李宏伟、张彪

成果简介

2019年区块链上升为国家核心技术重要突破口，作为一种规则化信息技术，其分布式存储、节点共识共享、公开透明等的技术特性，与能源行业产业链长、协同要求高、数据要素共享需求大等业态高度契合。项目发挥区块链技术先进性，建设适应能源行业全范围的行业级能源区块链公共服务平台——"国网链"，先后实现与北京互联网法院"天平链"、央企联盟链互联互通，确保了上链数据的真实可信和司法权威。项目基于"国网链"成功打造了区块链电子合同、区块链司法存证、绿电绿证交易、新能源消纳等典型应用，覆盖行业涉及能源电力、金融政务、物资采购等多个领域。其中，基于区块链的电子数据司法存证服务首次实现区块链在司法治理领域的创新应用，并突破性地提出司法鉴定事后取证向事前存证的转变模式；基于区块链的电子合同为"零接触"签约提供了有力保障，实现无纸化线上签约的便捷高效服务。项目于2019、2020年连续入选工信部网络安全技术应用试点示范项目。

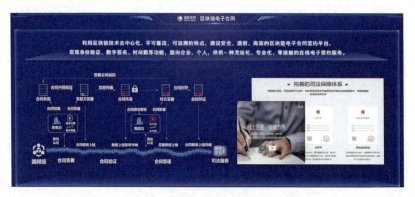

链e签区块链电子合同

💡 成果创新点

★★★★

突破一种弱中心化的分片式密钥电子签名技术,设计一种基于区块链的异构数据标识及溯源方法,构建一种业务可插拔的集群式高可信联邦执行环境,创新建成面向电力行业的联盟式多级安全信任体系,项目技术经院士专家鉴定达到国际领先水平。

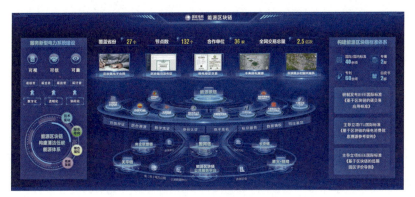

能源区块链公共服务平台

⤬ 成果应用推广情况

★★★★

作为行业级全范围能源区块链公共服务平台,项目协同政府、金融机构和能源产业链上下游企业共同打造互联互通、共建共用的区块链公共服务平台,实现在能源、金融、政务等多元业务领域的落地应用,并在新能源消纳、绿电绿证交易、司法存证等40余个业务领域形成具有典型性的示范应用案例,项目成果获得多个国家级、行业级奖项,为能源区块链的发展树立了风向标。目前能源区块链公共服务平台节点数132个,覆盖26个省(市),全网交易总量2.5亿次。

智能混凝土在输变电工程结构监测及接地中"感—知—融—智"技术

国网甘肃省电力公司

主创人：王仕俊

参与人：程紫运、梁魁、平常、王星、李万伟、尤峰、张喆、田云飞

📋 成果简介
★★★★

　　随着电力系统智能化、模块化、装配化变电站和超、特高压输电线路大规模投入运行，大量大型输变电工程不但伴随着高电阻率等不良地质环境的影响，同时对基础承载力的要求也越来越高。近年多次发生因设备接地不良导致电气参数超标、基础湿陷、不均匀沉降、滑坡引起的电网基础及设备损坏、倾斜、变形、开裂、性能老化等重大缺陷，且该类缺陷往往较为隐蔽、潜伏时间长、恶化突然、事故危害特别巨大，对电网的安全性、可靠性和稳定性造成了极大的困扰。

　　本成果通过产学研联合攻关，逐步研究开发了智能混凝土技术体系，一方面可以作为工程接地材料使用，有效将普通混凝土电阻率从数百万欧米降到数欧米，将基础本体作为自然接地体，大幅增加接地网的尺寸和散流面积，有效提高设备在雷击或短路故障条件下的安全水平，并可以监测工程结构局部关键点位的受力状态和损伤演化，进一步借助层析成像技术，实现工程结构及相关地基基础的健康状况全局监测。

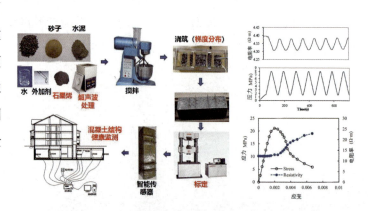

智能混凝土制备及应用关系图

💡 成果创新点

★★★★

（1）实现智能混凝土在不良地质中代替普通混凝土作为输变电工程设施基础材料使用。

（2）实现工程结构局部关键点位的受力状态和损伤演化的智能识别。

（3）借助层析成像技术实现基础设施健康状况的全局数字化监测。

智能混凝土压力与电阻关系试验图

🔗 成果应用推广情况

★★★★

智能混凝土监测系统已在甘肃河西走廊750千伏第三回线加强工程，以及山东临朐、四川甘谷地、四川杨房沟和西藏仲巴等地区应用到铁塔基础和变电站设施基础370个，埋设传感器2350个。另外在上海、重庆、西藏和江苏等地电网工程及建筑工程领域开展示范应用。不但可有效降低接地电阻，将普通混凝土电阻率从数百万欧米降到数欧米，提高设备在雷击或短路故障条件下的安全水平，同时简化接地工程技术方案，降低综合成本20%~30%。还可监测工程结构局部关键点位的受力状态和损伤演化，借助层析成像技术实现工程结构及基础的健康全局监测，并且可以减少土地开挖，降低水土流失和对生物多样性的破坏，能够代替离子接地极且符合工程施工接地要求，实现大地和地下水"零污染"。

低压配电台区信息全景感知关键技术、成套系统

江苏方天电力技术有限公司

主创人：李澄

参与人：董建生、陈颢、葛永高、王伏亮、陆玉军、王江彬、王宁

成果简介

江苏方天电力技术有限公司针对配电网建设中低压分支运行及故障状态监测缺失、低压配电台区改造难等实际问题，创新提出了低压配电台区信息全景感知技术方案，开发了台区信息全景感知成套系统，该系统由智能配电变压器终端、低压分路监测单元、低压物联塑壳断路器、开合式低压电流互感器等成套设备组成，具备配电台区供用电信息采集、各智能终端或电能表数据收集、设备状态监测及通信组网、就地化分析决策、协同计算等功能，具有功能全面、工程实施方便、运行稳定等特点，系统可应用于配电台区智能化建设改造中，实现台区设备状态和运行态势的全景感知，为运维人员及时掌握台区运行情况、分析台区停电和故障事件等提供技术支撑，助力配电网的管理效率、服务水平和运营效益提升，系统具有良好的创新性与实用性，经中国电力企业联合会鉴定，整体技术达到国际先进水平。

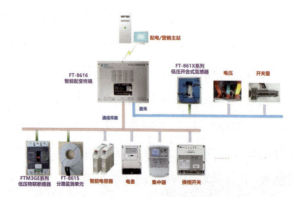

低压配电台区信息全景感知关键技术、成套系统架构图

成果创新点

本成果构建了低压配电台区智慧感知方案，开发了低压配电台区信息全景感知成套系统，实现了台区设备状态和运行态势的全景感知，解决了低压分支运行及故障状态监测缺失、低压配电台区改造难等实际问题，消除了台区低压监测盲区，相关技术经鉴定，达国际领先水平。

低压配电台区智慧感知方案

成果应用推广情况

本成果已实现电力行业内规模化应用，累计成果转化收益17772.453万元。成果中低压分路监测单元通过技术许可方式，先后与国电南瑞、扬州北辰等3家系统内厂商，以及江苏易立、江苏大烨等15家系统外厂商签订合同，授权厂商累计推广应用超30万套，累计许可收益1238.863万元。随着新型电力系统建设，配电网数字化要求持续增加，本成果可应用于配电网台区智能化建设，实现台区设备状态和运行态势的全景感知，经技术鉴定，成果应用效果显著，具有良好应用前景。

便携式检修现场能源输出组合套件

国网天津市电力公司高压分公司

主创人：冯冰、王小朋

参与人：张锡喆、赵阳、李谦、杨慧、程法庆、杜岳凡、刘宇浩

成果简介

　　国网天津高压公司每年约有5000个作业现场，进行电力作业时均需接取电源，平均每个现场接取电源时间在30分钟，在接电环节上的耗时2500小时/年，同时在接取电源环节中存在潜在风险多、接线距离长、接线难度大的问题。当前市面主流便携电源多为高频逆变电源和工频电源，难以满足电力作业对电源的特殊需求（电能质量高、相位稳定、过载能力强、电池组故障率低）。

　　本项目针对以上痛点，研制出一款高精度电力检测专用电源，满足检修现场便携电源相位精准同步、高动态稳定、电池状态准确评估的需求，填补了电力行业便携储能设备领域的空白。该项技术在行业内领先，授权受理相关专利3项，发表EI论文2篇。

工作人员使用便携式检修现场能源输出组合套件开展高压试验工作

成果创新点

（1）提出并设计了电力作业现场逆变器的频率自适应PR控制器，采用单相逆变器PR控制方式，基于二阶广域积分器进行锁相环设计，实现了实时获取电网相位和频率信息，解决逆变器相位无法锁定的问题。

（2）提出一种复合控制方案及相应的控制参数整定方法，综合采用重复控制和双闭环控制算法，应用极点配置方式简化参数整定，解决系统谐振峰、负载特性变化及冲击电流的危害。

（3）提出一种基于放电电压陡降阶段健康特征和改进高斯过程回归的电池健康状态精准估计方法，提高电力作业用逆变电源整体装置中电池组的安全性。

工作人员使用便携式检修现场能源输出组合套件开展设备交流耐压试验

成果应用推广情况

本成果已累计使用两万余次，并在每年重要保电工作中使用，在应急抢险与社会民生服务等用电场景中发挥了巨大作用。本成果的应用能够提前恢复送电，年均缩短作业时间1600小时，年均增加售电量4000万千瓦时，年均增加售电利润880万元，并且通过专利转化、成果出售创收68.6万元，未来上架国网电商平台，推广至电力行业后，预计产生经济效益3.9亿元。

电网特种作业无人机技术

国网辽宁省电力有限公司辽阳供电公司

主创人：刘东兴、苗中杰
参与人：胡茂坤、廖成清、刘俊德、李伟、张健、谢国蔚、潘涛

📋 成果简介
★★★★★

　　近年来，传统无人机在电网精细化巡检、自主巡航、智能缺陷识别等方面已经日趋成熟，但是在大载重远距离运输、避雷针高空防腐处理、高空应急照明、高压输电线路悬挂物处理等电网运维作业领域尚存在一定技术空白，亟须开展无人机代替人工高空作业的关键技术研究，在提高作业效率、提升作业效果的同时进一步保障人员的安全性。

　　本项目针对电网高空运行维护作业难题，研制出大载重多旋翼无人、六旋翼无人机及其配套装置，建立一套完整的电网大载重多旋翼无人机技术保障体系，实现电网大载重远距离运输、避雷针去锈喷涂、夜间应急照明、高压输电线带状悬挂物处理等特种作业功能，拓展无人机电网作业范围，提高电网全域作业的工作效率和安全质量。

大载重无人机吊装作业

💡 成果创新点
★★★★

（1）研制了一种无人运输机，载重量达到50千克，运输距离3千米。

（2）研制了机载避雷针高空除锈喷漆装置，通过该装置搭载的除锈和喷涂两大模块，可分别完成电器设备的表面除锈及喷涂防腐工作。

（3）研发了应急照明系统，采用3轴设计，可对多灯头组合照明装置进行全域调节。

（4）设计了机载预热式导线带状悬挂物处理装置，采用热熔切割方式，实现对导线漂浮物的快速清除处理。

使用无人机对变电站门架进行除锈喷漆

⋌ 成果应用推广情况
★★★★

本成果实现了远距离大重量工器具的快速运输，减少了作业时间，提升了电网运维的工作效率；通过无人机替代人工进行高空作业，降低了人员高空作业的风险，提高了作业安全性，节约了大量的人工成本和停电作业时间，减少了停电带来的经济损失，近三年累计节支总额达到1306.016万元。本成果的应用，提升了电网运行维护管理水平，推动了无人机技术在电力系统中的应用，促进了相关技术的发展和行业的进步。

输电线路大数据多维信息融合分析软件

国网江西省电力有限公司电力科学研究院

主创人：廖昊爽、李帆

参与人：张宇、胡京、邹建章、饶斌斌、周龙武、况燕军、胡睿哲

成果简介

随着大云物移智快速发展，过去十余年所积累的海量电网数据使输电数字化成为可能。然而，目前输电线路专业管理仍存在"数据质量参差不齐，有效数据难以利用""专业学科壁垒高立，交叉技术问题难以解决""智能化分析水平不足，科学管理难以实现"三大发展困境。

基于此，团队自主研发了一款基于大数据的综合性、智能化专业软件，有针对性地指导输电规划、设计、运维和检修改造，为输电线路各类专业分析评估和全过程管理提供技术支撑。该软件集自主性、专业性、实用性、易用性、模块化、包容性6大特性于一身，实现了输电故障辨识、隐患预测、风险评估、状态检修等全过程自动分析，并能自动生成专业报告。本成果共授权发明专利10项，登记软著4项，发表论文10篇，已上架江西公司数据应用超市、江西电力主网设备健康数字化管理平台。

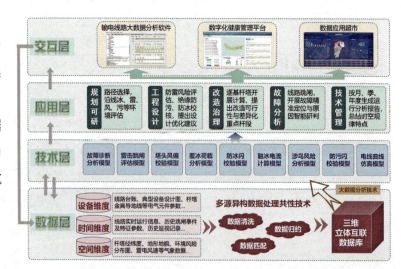

输电线路大数据多维信息融合分析软件技术方案原理

💡 成果创新点

★★★★★

（1）攻克了多源异构数据处理共性技术，搭建了设备、时间、空间维度下的三维立体数据库。

（2）构建了九种线路智能分析模型，实现了线路性能评估校核及故障诊断。

（3）研发了输电线路大数据多维信息融合分析软件，实现了输电故障辨识、隐患预测、风险评估、状态检修等全过程自动分析。

软件和平台界面

🔗 成果应用推广情况

★★★★★

成果已在江西、天津、山东、湖北等15个省级电网推广应用，准确诊断线路故障2900余条次，累计节省故障特殊巡视3万余人次，减少停电时长约13万小时，累计为"雅中—江西""南昌—长沙"特高压工程等11余万基杆塔开展了防雷、防冰等"六防"专业评估，优化改造方案1200余份。本成果已入选国家电网公司2021年二十项大数据应用优秀成果，同时作为典型工作经验在《国家电网有限公司工作动态》刊发，相关成绩也受到新华社、共青团中央等多家外部权威媒体关注报道。

全地形电建旋挖钻机

湖南省送变电工程有限公司

主创人：郭达明、张恒武
参与人：江雷、邹永兴、刘永宽、邹同华、胡炳武、葛娟

📄 成果简介
★★★★★

全地形电建钻机，主要适用于35 ~ 1000千伏的输电线路挖孔基础、掏挖基础、灌注桩基础、岩石嵌固基础机械成孔施工，适用于平地、丘陵、山地等地形，适用于流沙、流泥、普通土、坚土、风化岩石（强度小于60兆帕）等地质，成孔直径范围0.6 ~ 3.2米，最大成孔深度30米。

目前，根据不同地质条件，电建钻机的施工工法可分为直接成孔和分次成孔两种，配套的措施有基坑护壁、可视化验槽和钢筋笼吊装等。

（1）直接成孔主要适用于土质强度不高、孔径较小的基坑开挖，包括干作业法和湿作业法。

（2）分次成孔主要适用于土质强度较高、孔径较大的基坑开挖，包括分层环形旋进工法和梅花桩工法。

（3）配套施工措施。

①基坑护壁。

a.泥浆护壁。

b.稀释混凝土护壁。

c.预注浆护壁。

d.钢筒护壁。

②钢筋笼吊装。电建钻机系列具备6吨以内起重吊装能力，可吊装钢筋笼、地脚螺栓、钢模板等，超长超重钢筋笼可分段吊装。

💡 成果创新点

★★★★

（1）电建钻机整体重量轻，运输便捷。

（2）爬坡能力强，重心低稳定性高。

（3）大孔径施工，大作业半径。

（4）组合钻机入岩，辅助吊车设计。

（5）效率更高，功能更优，确保成孔质量。

电建钻机成孔

🔗 成果应用推广情况

★★★★

　　自2020年8月首台电建钻机试制，在湖南长沙惠科220千伏线路首次试点应用后，电建钻机先后在省内外20余家省电力公司、300余项输变电工程进行了推广应用，现已发展成为共有5种型号，适应各种地形、地质、各个电压等级线路施工的系列化产品，并被国家电网公司推荐为全面推广应用的基础成孔施工装备，具备了成熟的现场应用条件，其优越的性能以及与电力线路基础施工的适配性已得到了市场的全面认可。目前电建钻机已有27个省份的电力施工单位进行了购买，销售数量超100台，广泛应用于各省各个电压等级线路基础施工现场。

配电网单相接地故障暂态保护关键技术

国网湖北省电力有限公司

主创人：杨帆、杨志淳
参与人：雷杨、胡伟、宿磊、胡成奕、冯天佑、曾臻、甘依依

成果简介

配电网直面用户，是电能分配的必由之路、支撑经济发展与社会稳定的大型基础设施。单相接地约占配电网故障总数的80%，引发的用户停电、人身触电和电气火灾是国内外的长期痛点。我国配电网多采用小电流接地方式，存在故障电气量微弱有效特征不易提取、消弧线圈补偿后失去典型特征、弧光及高阻等复杂故障进一步判定难度极大等问题。传统接地保护多采用稳态电气量，难以应对上述挑战，实用效果不佳。

项目组选择故障暂态量作为小电流接地故障保护的攻坚方向，在基础理论层面，突破了非线性时变接地故障暂态全过程建模与特征机理解析难题，揭示了故障暂态过程的感性—容性阻抗谐振机理，提出了仅特征频段内暂态电气量具有统一特征的重要结论。在保护算法层面，突破了非稳定性电弧及高阻接地故障保护技术瓶颈，提出了利用特征频段内全过程暂态量的自适应性接地故障检测算法，进一步发明了暂态原理选线、定位等保护方法与故障类型、成因辨识方法，故障类型辨识准确率达98.3%，成因辨识准确率达92.0%。在装置研发层面，攻克了接地故障保护成套装置研发与应用关键技术，开发了选线装置、馈线终端、站所终端等装置，高阻保护灵敏度由1千欧提升至18千欧，5千欧以下保护正确动作率达99.7%。在功能验证层面，研发了国内外首套10千伏接地故障宽频高精度模拟实证

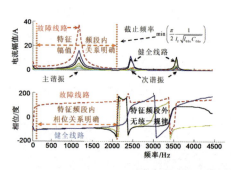

首次提出特征频段内暂态量具有统一特征

平台，提出了可复现宽频段内故障暂态信息的集约式模拟方法，研制了接地故障可控弧光真型模拟单元，5千赫兹内模拟精度达97.2%，解决了装置整机功能真型实证难题。

💡 成果创新点

本成果提出了适应复杂故障形态、利用特征频带内全过程暂态量的自适应性接地故障方向检测算法，进一步发明了暂态原理选线、定位等保护方法与故障类型、成因辨识方法，开发了保护成套装置，高阻保护灵敏度由1千欧提升至18千欧，在不平衡电流小于1安、CT测量误差小于10%的条件下，5千欧以下保护正确率达99.7%。提出了可复现宽频段内故障暂态信息的配电网络集约化模拟方法，研发了国内外首套10千伏接地故障宽频高精度模拟实证平台，0~5千赫兹范围内模拟精度不低于97.2%，解决了单相接地保护装置整机功能与性能测试难题。

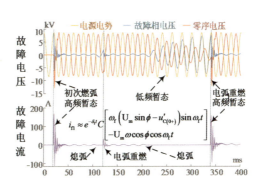

涵盖"击穿－熄弧－重燃"故障全过程的暂态特征与分布规律

🔗 成果应用推广情况

项目形成的选线装置、配电终端、故障定位与供电恢复系统等小电流接地故障保护成套装置，在湖北、福建、浙江、山东等31个省（自治区、直辖市）电网与钢铁、石化等行业实现规模化应用，近三年累计成功应对7.3万次接地故障，实现了选线、定位、隔离、转供恢复，为全面提高接地故障处置水平，保障供电可靠性提供了重要保障。"接地故障宽频高精度模拟实证技术"有效支撑了相关设备的研发、检测、运行与评价全环节，写入了我国第一项接地故障真型试验技术规范，能够全面应用于智能配电装备质量把控，为提高现场装备运行稳定性、技术适用性提出了关键手段。

J 型线夹自动化安装工具

国网浙江省电力有限公司桐乡市供电公司

主创人：孙锦凡、钱栋

参与人：沈圣炜、詹国良、宋新微、陈钢、张海强、赵国伟

📋 成果简介

为提高配网不停电绝缘杆作业法带电接引流线作业项目效率，解决传统作业中存在的双人三杆操作复杂、作业效率低、工艺难把握、安全风险高的问题，研制了一款 J 型线夹自动化安装工具。

该装置将传统绝缘杆搭接引流线必需的三个工具——传递接续金具的线夹传送杆、紧固线夹螺栓的套筒操作杆、对装置进行脱扣拆卸的铁钩操作杆的功能高度集成至一个操作杆上，实现单人单杆作业，从根本上解决了传统杆上双人三杆配合作业繁琐的问题。同时，集成装置采用智能遥控实现螺栓的自动紧固和装置的自动拆卸，相比之前人力紧固，作业效率大幅提高，线夹螺栓扭力及开断电阻更加可靠，规避了因螺栓紧固不严密而导致局部过热带来的电力安全隐患。

经过几代产品的升级迭代，装置独特的固定机构可以适用于所有型号的 J 型线夹，有着很强的金具通用性。将三相接引用时由39分钟缩短至18分钟，作业效率提高117%。

J 型线夹自动化安装工具各部分组成

成果创新点

（1）集成化程度高，将三个必需工具功能集中到一个操作杆上。

（2）自动化程度高，利用智能遥控电动装置实现紧固和拆卸。

（3）通用性程度高，适用于所有型号的J型线夹。

（4）可靠性程度高，通过电机带动套筒来紧固线夹螺栓，安全可靠。

J型线夹自动化安装工具实际运用

成果应用推广情况

项目研发成果经国网浙江培训中心（湖州分中心）试用，效果良好，装置实用性获得认证。且此类自动化作业模式可以适用于其他诸如C形线夹、安普线夹等不同的接续金具的带电作业中，有很强的作业模式可复制性。成果已授权发明专利4项，实用新型专利3项，发表论文2篇。

2020年经国网浙江电力孵化，成果已完成落地转化，目前已经在嘉兴、湖州、温州等地得到推广应用，已进入国网商城超市化电商采购平台。

面向分线线损管理的环网柜联络计量改造技术

国网山东省电力公司

主创人：全超、姜海浩

参与人：孙刚、刘斐、张健、高成成、郑文欣、邢靖、王善卿

📋 成果简介

目前部分在运10千伏户外环网柜的联络间隔缺少关口电能计量装置，当不同线路出现负荷转供时每条线路线损情况无法单独计算，一般打包统计。为实现配电线路分线线损的精益化管理，降低线路打包率，需要在环网柜联络关口加装双向计量装置。普通电磁式电压互感器体积较大，现有间隔空间不满足加装要求。如单独加装计量柜，会面临占地审批难、改造成本高、施工周期长等问题。本成果依据CVT型电压互感器原理研制一种基于堵头式电压传感器，利用三相三线制两元件法与配套的开启式电流互感器和低压终端共同组成新型环网柜电能计量装置，采用整体校验，满足计量精度要求，实现联

设备现场安装情况

络关口双向电能计量。装置体积小，加装时不用拆除原有分支电缆，无需破坏原电缆附件，只需要对环网柜内电缆连接处绝缘堵头进行更换，同步加装开启式电流互感器即可。成果通用性强，可适应不同配置、厂家的环网柜计量装置加装，改造成本造价低，作业时停电范围小、施工时间短、安装方便。

🔆 成果创新点

（1）基于环网柜电缆终端堵头结构设计了电子式电压传感器，改进当前后插式电压传感器需要拆除原有电缆附件的安装方式。

（2）选用超微晶材料设计了开启式电流互感器，搭配低压终端，实行装置整体校验，满足环网柜间隔计量需求。

堵头式电压传感器

开启式电流互感器

🔗 成果应用推广情况

本成果已在山东省郯城县等地10千伏户外环网柜中安装应用，能真实反映线路线损情况，对降低线路打包率，提升线路线损日常管理有极大促进作用，助力公司累计11次被评为国家电网公司同期线损管理"百强县公司"。同时，成果被推广应用于电网企业各实训站员工技能培训及厂矿企业环网柜设备升级改造。装置现场安装方便，节约人工、时间成本，安装过程不影响用户正常用电，累计增供电量488万千瓦时，产生相关经济效益约293万元，降低用户停电感知，提升供电服务能力。

面向电能替代的新能源智能电动轨道机车

中国电力科学研究院有限公司

主创人：王德顺、吴福保

参与人：杨波、王开毅、薛金花、曹远志、居蓉蓉、桑丙玉、李浩源

成果简介

国内钢铁、矿山、石化、港口等大型工矿企业广泛采用内燃机车用于内部铁路运输，存在高耗能、高排放、高成本等诸多问题。

考虑机车低速重载运行工况，面向低成本、少维护、零排放要求，团队创新性提出蓄电式、低速永磁电机同轴驱动技术方案，并以储能系统集成技术、储能牵引变流控制技术、整车控制技术为核心，研制出了新能源智能电动轨道机车。该机车采用蓄电式方案，通过牵引变流装置直接驱动同轴直驱电机进行动力输出，除去了复杂的内燃机及传动装置，成功解决机车灵活性及免维护性难题，更适合于低速、重载、频繁启动的工矿企业应用要求。

新能源机车运行维护成本低，实现传统低排放标准的内燃机车的清洁化替代，结合实际运行数据，相比传统内燃机车，新能源机车节能率可降低70%（有效值），有效提高了终端电气化水平，为用户节能增效。

国内首台新能源电动轨道机车上线运行

💡 成果创新点

★ ★ ★ ★ ★

（1）提出了基于自适应模糊滑模的电流鲁棒控制器策略，利用无位置传感器冗余控制提升适用于机械冲击工况下机车电驱动控制可靠性。

（2）提出了工矿环境下高防护等级电动机车总体集成方案，通过闭式循环和电池特征气体的双通道实时动态监测降低设备微短路风险、提高电池系统预警可靠性。

新能源智能电动轨道机车在中天钢铁应用

（3）提出了坡道、低载、重载等多场景运行条件的整车优化控制技术，通过机车节能改造及动能反馈，有效提高电动机车续航里程。

🔗 成果应用推广情况

★ ★ ★ ★ ★

新能源智能电动轨道机车于2020年10月10日在南钢正式上线运行，这是国内首台新能源机车应用于工矿企业铁水运输。经过实际运行考验，机车各项技术指标均满足工况要求，牵引制动等方面性能均优于内燃机车。燃料费用同比可节约93%，维护费用可节约60%。每年可减少燃油消耗172吨，减排二氧化硫1.8吨、二氧化碳548吨。产品经过迭代升级，进一步在沙钢、中天钢铁、华西钢铁推广应用，助力用户实现"绿色生产，低碳运输"。

新能源智能电动轨道机车有效降低交通运输环节的能源消耗和污染物排放。该产品经成果转换后市场前景广阔，全国工矿企业内燃机车保有量约5000台，若全部进行电动化改造，可实现工矿企业机车运行全过程"零污染"，助力国家实现碳达峰碳中和目标。